U0839089

科普通鉴

12 农业科技

丛书主编 李建中

丛书副主编 谈朗玉 李大东 张令朝

本卷主编 崔党群

KEPU TONGJIAN

NONGYE KEJI

中国科学技术出版社

河南科学技术出版社

图书在版编目（CIP）数据

农业科技/崔党群主编．—郑州：河南科学技术出版社，2013. 10
（科普通鉴/李建中主编）
ISBN 978 -7 -5349 -6613 -2

Ⅰ.①农…　Ⅱ.①崔…　Ⅲ.①农业技术-普及读物　Ⅳ.①S -49

中国版本图书馆 CIP 数据核字（2013）第 227547 号

出版发行：中国科学技术出版社
地址：北京市海淀区中关村南大街 16 号　　邮编：100081
电话：（010）62106522
网址：www. cspbooks. com. cn
河南科学技术出版社
地址：郑州市经五路 66 号　　邮编：450002
电话：（0371）65788613　65788870
网址：www. hnstp. cn
策划编辑：李喜婷　冯　英
统筹编辑：尚伟民　蒋云鹏　徐　涛
责任编辑：孙　彤
责任校对：柯　姣
封面设计：赵　钧
版式设计：赵玉霞
责任印制：朱　飞
印　　刷：郑州金秋彩色印务有限公司
经　　销：全国新华书店
幅面尺寸：170 mm × 240 mm　　印张：14. 25　　字数：224 千字
版　　次：2013 年 10 月第 1 版　　2013 年 10 月第 1 次印刷
定　　价：32. 00 元

如发现印、装质量问题，影响阅读，请与出版社联系并调换。

《科普通鉴》丛书

主　编　李建中

副主编　谈朗玉　李大东　张令朝

《科普通鉴·农业科技》编委会

主　编　崔党群

副主编　周　琳　王志强　马国岭

委　员　（按姓氏音序排列）

陈军营　崔党群　刘亚平　马国岭

孙化田　王志强　余永昌　周　琳

序

科技是人类智慧的伟大结晶，创新是文明进步的不竭动力。

回首文明历程，是科技之光涤荡了人类历史上蒙昧的阴霾，是科技之火点燃了人类心灵里求知的火焰，是科技之灯照亮了人类发展中光辉的前程。科学技术的每一次重大突破，每一项发明创造的诞生，都使人类对客观世界的认识发生质的飞跃，都使人类改造世界的能力得到革命性的提升。18 世纪后的几百年，是科学技术突飞猛进的历史时期。数学、物理、化学、天文学、地学和生物学等各个领域的研究均取得了空前成就，并引发了一次又一次重大理论革命，其中，最具划时代意义的莫过于牛顿力学、相对论和量子力学的创立。与此同时，深刻改变人类生存状态和生产、生活方式的发明创造也纷纷问世。在不计其数的发明、发现中，蒸汽机、电话、火车、汽车、医用 X 光片、青霉素、DNA 双螺旋结构、火箭、阿波罗 10 号太空舱、计算机等无疑是改变世界的重大发明、发现与创造。

放眼新的世纪，科技已经成为推动经济社会快速发展的主导力量和创造社会财富的主要源泉，成为国家间、区域间竞争的核心和推动未来发展的决定性力量。为了在竞争中取得优势地位，各国、各地区，特别是发达国家及地区都高度重视科技创新和发展。在此背景下，全球创新浪潮此起彼伏，科技发展日新月异，创新成果大量涌现。人类基因组序列图完成、细胞重新编程技术、人类最早祖先确定、宇宙存在暗物质的猜想被证实、干细胞研究的新进展、纳米技术研究的新突破、欧洲强子对撞机启动、人类探测器创最远纪录和七大数学难题之一——庞加莱猜想被证明等被认为是近十年来取得的最具科学价值，并可能对人类生存与发展产生重大影响的重大科技成就。

在人类文明的历史长河中，科学技术虽然得到了空前发展，取得了辉煌成就，但在前进的道路上依然有无数难题等待我们去破解，众多未知世界等待我们去认识。随着人口数量的急剧增加，自然资源的逐渐枯竭和生态环境的日益恶化，人类正面临前所未有的生存挑战和危机。毫无疑问，应对挑战、解决危机，只有依靠科技的不断创新与发展。在可以预见的未来，为了拓展生存空间，提高生存质量，必将掀起一场以信息科技革命为先导、新材料科技为基础、生命科技为核心、新能源科技为动力、海洋科技和航天科技为内拓和外延的新的科技创新浪潮。伴随新一轮科技创新浪潮的到来，新的发明创造也必将与日俱增。有科学家预言，未来百年，人体器官克隆再造、灭绝动物复活、战胜癌症、建造星际飞船和太空电梯等梦想可能变为现实。

当前，亿万中华儿女正在为实现中华民族伟大复兴的“中国梦”而努力奋斗。实现这一百年梦想，关键在于弘扬创新精神，增强创新能力，加快创新步伐，让科技之花在创新中萌芽，在创新中成长，在创新中绽放。

发达国家的经验昭示我们，加快科技创新，提高科技水平，既要依靠科技精英们的刻苦攻关，发明创造，也有赖于公民科学素质的普遍提高。有调查显示，我国公民的科学素质水平较发达国家差距甚大，与走中国特色的自主创新之路、建设创新型国家的要求相去甚远。为尽快提升我国公民的科学素质水平，从2006年起我国启动了旨在推动公民科学素质建设的全民科学素质行动计划，希望到2020年，公民科学素质在整体上有大幅度提高，达到世界主要发达国家21世纪初的水平。

科普图书是展示科学技术的重要窗口，是普及科技知识的重要载体，也是传播科技文明的重要途径。国内外都十分重视科普图书的创作出版。在琳琅满目的科普图书作品中，不乏影响深远的精品力作。这些作品为传播科技文明、普及科学知识做出了历史性贡献。时代在进步，科技在发展。紧跟时代步伐，把握科技动态，繁荣科普创作，不断创作出版符合时代特点、反映当代科技发展水平的科普图书精品，不仅是加强公民科学素质建设，提升公民科学素质的迫切要求，也是科技界有识之士的共同心声。

科学技术协会是新中国科普事业的主要开创者和推动者。在开展公民科学素质建设，提高公民科学素质水平的历史进程中，肩负着重要责任和神圣使命。我们组织编写的这部《科普通鉴》丛书既是履行"责任"和"使命"，也是对科技界有识之士呼声的积极响应。

20世纪中叶以来，科学技术进入了多科交叉、互为渗透、综合发展的历史时期，形成了学科林立、知识纷繁的新格局。面对浩如烟海的科学世界，如何确定这部书的编写原则和选题范围是应当首先解决的问题。经与有关专家学者反复研究论证，我们确定了"通览科技文明，鉴取创新精粹"的编写原则，并确定从理、工、农、医和高新科技五大领域中选取26个公众关注度较高的热点选题，按26卷组织编写这部丛书。

面向具有中等以上文化程度的青少年、农民、城镇劳动者、城市社区居民、领导干部和公务员等重点人群，弘扬科学精神，传播科学思想，倡导科学方法，普及科学知识是编写本书的出发点和根本目的。考虑到读者对象年龄、职业、身份的多样性和对知识需求的差异性，本书着重介绍具有基础性、通用性、新颖性和前瞻性的知识，读者可以根据自己的需求或兴趣进行阅读；在阐述方法上尽可能做到重点突出，脉络清晰，尽可能融入人文精神，体现人文情怀，避免科技知识的简单介绍和罗列；在语言风格上力求文笔流畅，深入浅出，生动活泼，雅俗共赏，以达引人入胜的效果。

选择高水平的主编是编好这部丛书的关键。为此，我们发挥科学技术协会学会众多，学科齐全，人才荟萃，联系广泛的优势，面向省内外征集各卷主编候选人。最后经全面比较，优中选优，确定了各卷主编人选，为本书的编写出版奠定了坚实基础。在此我们谨向为本书主编遴选、编写、出版给予大力支持的河南省医学会、气象学会、农学会、地理学会、地震学会、地质学会、机械工程学会、反邪教协会和省气象局、郑州大学、河南大学、河南农业大学、河南工业大学、河南科技大学、河南中医学院、河南科技学院、河南轻工业学院、《太空探索》杂志社、河南科技报社、河南科技活动中心、中国科学技术出版社、河南科学技术出版社等学（协）会和单位表示诚挚的感谢！

作为一部多达26卷的大型科普丛书，其涉及领域广，学科多。在内容上为了尽可能避免交叉重复或矛盾冲突，在体例和语言风格上为了尽可能保持相对统一，我们制订了较为详细的编写方案，对各卷的内容范围和全书的体例风格做了必要界定和规范。但是，由于我们学识水平有限，统筹协调不够，编写时间仓促，加之一些担任主编的同志是首次承担科普类作品的编写任务，缺乏相应经验，所以，虽然付出了大量心血，个别卷仍然存在内容取舍不够得当，语言风格不够生动活泼等问题。这些缺憾，我们将在再版重印时加以修订改进。诚恳希望广大读者对本丛书的修订改进提出宝贵意见和建议，以便再版时提高质量。

河南省科学技术协会主席、党组书记　李建中

2013年6月

目　录

引 言

人类在漫长的旧石器时代，一直过着狩猎生活。大约在旧石器时代末期，由于人口的增长，加速了对资源的消耗和破坏，大规模的火林狩猎，使许多动物大量减少，食物开始短缺，不得不加强对植物的采集，过量的采集又导致植物资源减少，迫使人类另寻出路，开始了对动植物的驯化，用农业这种方式生产食物。同时，工具的改进也提高了人类征服和开发自然的能力，并开拓新的生产领域。

农具的发展推动着农业的进步

农业是伴随农业工具的制作、使用和改进而发生和发展的。原始农业时期人们使用的工具主要有开辟农田的石斧，用于翻地疏土的锄和耒耜，用石骨及蚌壳制作用于收割作物的镰，用于加工粮食的石盘磨、石磨棒。原始农业晚期出现了木犁及石犁头的石犁。

根据考古发现，春秋时期使用的铁农具数量不多，以小型为主；战国中期以后的铁农具种类多、数量大、地区广。铁制农具主要有犁、镬、锄、锸、铲等。和铁犁相配合的是畜力的使用。铁犁和牛耕使战国时期的农业生产力提高到一个新的水平。

欧洲中世纪农业中第一和最重要的一项技术突破是重犁的使用。犁这种工具本身并不新潮，但是罗马人只会使用一种轻型的“刮地犁”，这种工具虽然可以在大地的表面留下几道划痕，却根本无法深翻。虽然适合于地中海沿岸地区，及轻薄的土层，但是在北欧森林里开辟出的湿重之地，这种犁就完全无法使用。新型的重犁不但可以深挖湿重的土壤，而且装备了新的零件，使它可以在犁沟交错的土地上纵横捭阖，畅通无阻，不但开掘了前人无法利用的土地，而且身后的犁沟还可用于灌溉。重犁是一种拖带工具，俗称“萨克森轮犁”，装有车轮用以控制犁地的深度，犁头是垂直的，犁铧将地块翻过来。这种犁不仅可以盖严种子，还可以疏松土壤使渗进的水集中在作物根部，便于吸收。罗马的“刮地犁”在实际使用中必须在两个不同的方向上各刮地一次，而重犁只需一次，并且效果更佳。重犁是翻耕黏地和森林地的好工具，但购置重犁需要较多资金，使用重犁需要较多耕畜。一般是几头牛拉一架重犁。后发明了新式笼头和马轭套在马肩上，改变了将马轭系在马脖上的状况，使马的拉力增大，马也被广泛地用于拉犁。牛的力量和马的速度相结合，优势十分明显。然而，一般农户均无实力独家拥有需用多头耕畜的重犁，因而常联合起来组成犁队实行共耕。即使是轻犁，一般也需要两头以上的耕畜，因而也多采取共耕制。

15～16世纪，生产工具方面也有不少改进，或出现了新的生产工具。例如，中世纪时，除需要麦草盖屋顶外，庄稼都使用一种长柄镰刀收割，割下穗子，而将草秆留在地里用犁将其翻耕在地下。15世纪后，长柄镰被短镰刀所取代，草秆也被贴地割走，撒在牛栏或猪圈里，变成肥料再返回到地里。不过，当时农夫必备的工具仍很简单，主要是连枷、草叉、耙子、长柄叉、粪叉、铲子、铁锹、犁、四轮车、运肥车、除草钳、镰刀之类。

从春秋战国开始到清末期的2 000余年，受封建制度的限制，我国农业生产一直是小农经济，虽然历代对农具都有所改进和创造，有些甚至发展到较高水平，然而，农业生产工具的动力全是采用人力、畜力、风力或水力来驱动，大大限制了农业生产的发展。1840年鸦片战争后，中国沦为半封建和半殖民地社会，接触西方农业事务的机会增多，机械动力和近代农具引入中国，1900年前后，清政府提倡振兴实业，新式耕垦农机具和新的耕垦方法引进到国内。与此同时，我国自发的农机具改进革新也有了较好的发展，1926年，江苏省昆虫局委托工厂仿制成功农田植保用喷雾器。1930年浙江省植物病虫害防治所设置了药械设计制造室，成功研制出中国第一架防治农业病虫的喷雾器和几种农药。1933年，陕西省机械局改建后生产出链式机械水车、汲水机、凿井器和新型铧式犁、中耕器、轧花机、弹花机等。新式农具在农村开始推广使用，如在陕西洛川县发明的畜力收获车，三原县发明的人力收获机，经陕西省农业改进所鉴定、制造使用，开创了在我国制造收获机械的先河。总体上来讲，在新中国成立前的100余年的近代历史时期，我国政府和民间通过多种渠道引进并吸收近代西方先进的农业科技成就，农业生产中的劳动工具的革新在国外发达国家较先进技术的推动下有了较大的进步，国内有志之士在吸收国外先进技术的基础上根据我国国情仿制和发明研制了很多适应于当地条件的农作机械，极大地促进了农业生产的发展。

新中国成立后，我国逐步实现了农业集体化，并建立了一批国有农场，使得大、中、小型农业机械迅速得到推广。改革开放后，家庭联产承包制使得农业机械向小型化发展。随着综合国力的提高，农业机械的种类迅速增加，农业生产迅速发展。

植物驯化和品种改良是农业增产的内在原因

在原始农业时期，农业科学开始萌芽。首先表现为植物驯化——野生的植物经过人类的驯化成为栽培植物，也就是作物。在植物驯化过程中，经常发生驯化类型与野生类型的杂交，产生多倍体等变异类型，这些变异类型有的叶大且圆，有的茎秆粗壮，有的根系发达，有的花艳果大。通过自然和人工选择，成为新的植物类型或栽培品种，为人类提供优质可口的食物。像野生或栽培一粒小麦与山羊草杂交产生了二粒小麦，野生或栽培二粒小麦和山羊草杂交及选择产生了普通小麦，其产量和品质都较一粒小麦和二粒小麦大幅提高。玉米是起源于野生玉米（至今尚未发现玉米野生种），还是大刍草或是马加草，尚无定论。不过，有一种推测，早期南美洲的墨西哥人采集大刍草种子爆炒或磨碎食用，于是大刍草逐渐成为宅旁杂草，然后选择、栽培，产生了各种变化：紧闭的苞叶、粗而短的穗轴、不落粒等，形成了最早的玉米。随着生产的扩大，人们交往的增加，玉米传入其他地区。环境条件等的变化，进一步促进了新类型的变化和不同类型间，玉米与大刍草间的杂交、分离、选择，形成了玉米的不同类型。秘鲁的狩猎者很早就挖掘马铃薯块茎为食，并逐渐成为宅旁杂草，各种类型间的杂交，自然和人类的选择，加速了进化。在漫长的农业发展中，人们逐渐认识和发展了优中选优、杂交等作物改良技术。在此基础上，到近代逐步建立起系统育种、回交育种、杂交育种、诱变育种、单倍体育种，并成功利用了杂种优势。目前，随着分子生物技术的发展，分子育种正在走向实用化。

耕作种植制度充分利用了自然资源

春秋战国时期普遍是一年一熟的连种制。一般是春种秋收，冬季休闲，可使地力得到恢复，在条件好的地方开始出现复种。为了恢复地力，中世纪欧洲的土地耕作制度大致有两种。一种是续耕续休制，即对一块地连续耕种几年后让其长期休耕。这种制度主要在居民点分散的山区实行。另一种是在15～16世纪出现的二圃制或三圃制。二圃制就是把所有耕地分成两部分，轮流耕作，每年有一半的耕地处于休耕状态，以避免土壤肥力的衰竭。三圃制则是把耕地分成三部分：有1/3的土地休耕；1/3用于种植谷物，秋季播种，初夏即可收成；另外1/3的土地，则种上了新的作物——如燕麦、大麦或者豆类——这些作物在晚春播种，8～9月即得收成。这样，田地在一个为期三年的周期中轮流派上用场。其中这些能够在夏季生长的作物，不但不像谷物（包括小麦、黑麦）那样将土壤的养分汲取殆尽，而且它们还可以恢复被这些作物消耗的氮元素。而且土壤利用的多样化，也使得因天灾而大规模歉收的概率大为降低。新的食物品种从此摆上了欧洲人的餐桌：如果第三块田中种植的是燕麦，则人类和他们的马匹都可以从中获得食物；如果种植豆类，则有助于人类在大量从谷物中摄取碳水化合物后，用蛋白质来平衡体内的营养成分。再考虑到新的耕作制度对丰富农业劳动产品和将土壤利用率从1/2提高到2/3的事实，三田轮作制无疑堪称一个不折不扣的农业奇迹。罗马人无法使用三田轮作制，因为地中海地区的气候干燥，且土质松散，水分容易蒸发，为了保墒而不能进行深耕，只用轻犁，对土地进行纵横十字形耙划而使土壤表层疏松，作物生长层的土壤大部分未翻动，因此其根系不能得到充分伸展，土地肥力得不到最好利用。

进入近现代，各国依据各自的国情发展了轮作、两熟、多熟等耕作种植制度，通过耕作种植制度的不断更新，充分利用了各类自然资源，提高了土地生产力，有效地满足了经济社会发展对农产品的需求。

总之，农业的发展有赖于农业科技进步。农业科技进步体现在农具的改进、品种的改良、耕作栽培制度的更新与完善、土壤改良和施肥技术的改进、病虫害的有效防治，信息技术也开始应用于农业，并将引起某些农业过程的革命性变化。

1 作物育种技术的发展

作物育种始于植物驯化。引种与驯化不可分割，引种驯化的遗传学原理在于植物对环境条件的适应性及其遗传。气候相似性和生态相似性是引种驯化的生态学基础。遗传学的两个基本规律——分离规律和自由组合规律，为遗传学的诞生、育种工作开展奠定了坚实的理论基础。纯系学说认为，纯系内个体差异由环境影响造成，是不遗传的，故纯系内选择无效。然而在植物界，即使是严格的自花授粉植物，纯系的保持也只是相对的。杂交育种的杂交可以使双亲的基因重新组合，形成各种不同的类型，为选择提供丰富的材料；基因重组可以将双亲控制不同性状的优良基因结合于一体，或将双亲中控制同一性状的不同微效基因积累起来，产生在各该性状上超过亲本的类型。诱变育种是指用物理、化学因素诱导动植物的遗传特性发生变异，进而培育成新的品种或种质的育种方法。它是继选择育种和杂交育种之后发展起来的一项现代育种技术。其存在的主要问题是有益突变频率仍然较低，变异的方向和性质尚难控制。杂种优势是指杂种一代往往比它的双亲表现更强大的生长速率和代谢功能，从而导致器官发达、体型增大、产量提高，或者表现在抗病、抗虫、抗逆力、成活力、生殖力、生存力等的提高。这是生物界普遍存在的现象。分子标记辅助选择技术是通过利用与目标性状紧密连锁的 DNA 分子标记对目标性状进行间接选择，以期早代就能够对目标基因的转移进行准确、稳定的选择，从而提高育种效率的一种分子育种技术手段，它不仅弥补了作物育种中传统选择技术准确率低的缺点，而且加快了育种进程，最终实现品种设计育种理念的新突破。

1.1 植物的驯化与引种

1.1.1 植物的驯化

作物育种始于植物驯化。植物驯化是指通过人工栽培，自然选择和人工选择，使野生或外来植物能适应本地的自然环境和栽种条件，成为生产或观赏需要的本地栽培植物。

早在远古时代，由于人口增长、大量狩猎和过量采集使动植物减少，出现食物短缺，迫使人类开始种植可食植物，并选优淘劣，使优良特性保存、强化，经长期选择、定向培养，成为栽培的植物即作物，并分化出了许多品种。

1.1.2 植物的引种驯化

从外地或外国引进栽培植物，在本地栽培，叫引种。引进来的物种或品种，有的表现很好，经过试验证明适合本地区栽培后，可以直接在生产上推广种植；有的表现不好，存在不适应现象，需要采用一些诸如杂交、定向选择、嫁接等技术措施，使其改变遗传性，以适应新环境，叫驯化。引种与驯化不可分割，前者是跨越地理空间的变化，后者是穿越时间的长期过程。

引种驯化非常重要。通过引种，可以发展本地区原来没有的作物类型，如马铃薯原产南美，16 世纪中叶由西班牙引入欧洲，现已成为世界上十分普遍的粮食作物和蔬菜；也可以对引进品种通过试种、选择、鉴定，育成适合本地区推广种植的新品种；还可以只利用引进植物的优良性状或基因供育种利用。我国的 600 多种栽培植物中，玉米、甘薯、马铃薯、棉花、烟草、甘蔗、甜菜、花生、番茄等约一半都是从国外引进驯化而来。

1.1.3 引种驯化的遗传学原理

植物的表现型是基因型与环境条件相互作用的结果。引种是植物在其基因型适应范围内迁移。不同植物种类，其适应范围相差很大，同一植物种类的不同品种间在适应性上也存在差异。

植物的基因只有在适宜的环境条件下才能表达，适宜的环境条件可以激活一些基因表达，因此原产地没有表达出来的性状有可能在异地条件下表达出来。引种驯化的遗传学原理就在于植物对环境条件的适应性及其遗传。如果引种植物的适应性较宽，环境条件的变化在植物适应性反应规范之内，就是“简单引种”；反之，就是“驯化引种”。

1.1.4 引种驯化的生态学原理

一般地讲，原产地与引种地之间，影响作物生长发育的主要因素应尽可能相似，只有这样才有可能引种驯化成功。气候相似性和生态相似性是引种驯化的生态学基础。

（1）气候相似性原理

20 世纪初，德国慕尼黑大学迈依尔提出了“气候相似论”。他认为，“木本植物引种成功的最大可能性在于树种原产地和新栽培区气候条件有相似的地方”。气候条件是指光温。

其实，能反映气候相似的方法还有很多，如美国生态学家克里门茨提出的“平行指示植物法”，苏联国立尼基塔植物园提出的“区系发生法”，以及“自然分布区气候因素确定法”和“植物类型相似确定”等。

（2）生态相似性原理

作物品种形成和生长发育所处的环境即生态环境要尽量相似（生态相似性）。生态环境中的主要因子有三种：气候生态因子（温度、日照、雨量、湿度）、土壤生态因子（土质、水分、pH 值、盐分、其他离子）、生物生态因子（病虫及它们的小种和生物型、杂草）。

当物种移栽到另一环境，同一物种的变种，在生物学和形态学等方面形成与当地主要生态条件相适应的遗传类型即作物生态型，在温度、光照、湿度等气候条件影响下形成气候生态型，在土壤的理化特性、含水量、pH 值、含盐量等因素影响下形成土壤生态型；在植物与其他生物（病、虫等）间不同的共栖关系影响下形成共栖生态型。

生态因子依据在不同阶段中的作用可分为主导因子，有害因子，限制因子等。引种时除对植物原产地生态环境进行综合分析外，还应分析影响植物生长发育的主导因子。

植物生长发育的某阶段或全过程会有一个或几个因子具有主导作用（主导因子）。主导因子的改变常会引起其他生态因子发生明显变化，并使生物的生长发育也发生明显变化，如光周期现象中的日照时间和植物春化阶段的低温因子就是主导因子。

植物生长发育的阶段性，就是由于生态因子规律变化的结果，如季节性物候，昼夜温差等生态因子的规律性变化等。每一个生态因子对植物不同生长发育阶段的作用不同，如低温对冬小麦的春化阶段非常重要，但在光周期阶段却成为有害因子。

在众多环境因子中，那些对生物的生长、发育、繁殖、数量和分布起限制作用的关键性因子叫限制因子。

植物在其生长发育过程中，虽然其生态因子不是等价的，但却具有同等重要性和不可代替性。如果缺少某些因子，便会影响其正常生长发育，甚至致其死亡。此外，在一定条件下，某一因子在量上的不足可由相近生态因子的增加或加强而得到补偿，且可获得相似的生态效应，如增加 CO_2 的浓度，可补偿由于光照减弱所引起的光合强度降低的效应，这就是生态因子的可调剂性或补偿作用；如降雨量、湿度补偿温度；湿度补偿土壤酸度。

有些生态因子，如光、温、水、土壤养分等，直接影响或参与植物的新陈代谢；另一些生态因子，如海拔、坡向、纬度、经度等，通过影响光、温、水、土壤等因子，间接作用于植物。

（3）达尔文的引种驯化理论

达尔文的遗传变异学说认为，植物具有适应风土的能力，在新的环境下能产生遗传变异适应新环境。外界环境的改变、有性或无性杂交是植物变异的源泉。在自然界或人工引种条件下，通过自然选择或人工选择都可以保持、发展植物有利的变异、促进植物驯化。驯化是植物对新环境的适应，选择是人类驯化植物的基本途径。同一种植物分别于不同地区的不同个体，会产生多样性的变异或地理小种或类型。引种时应注意植物地理分布与不同分布区种以下的分类单位。

（4）米丘林的引种驯化理论

米丘林的风土驯化学说认为，遗传不稳定的幼龄植物即实生苗在新的环境下，可逐渐改变原来本性，适应新的环境条件，达到驯化效果。可采用逐步迁移种植的方法，将欲引种的植物逐渐移向与引种地相接近的地方，接近适应预定的栽培条件。米丘林还创造了混合授粉法、预先无性接近法和媒介法驯化植物。

1.1.5 引种的一般原则

作物引种的一般原则是原产地和引入地之间应具有生态条件或气候条件的某种相似性。生存于同一环境条件下的植物群体常具有某些共同的基本属性，因而当引入地与原产地自然条件如纬度、海拔、日照、气温、雨量分布等相似时，一般生育期和经济性状变化不大，引种较容易获得成功。如原产南方的喜温短日照作物水稻，北移至低温长日照环境时，表现为生育期延长、抽穗推迟，其中晚稻品种常不能抽穗；而南移遇高温短日照环境时，则生育期缩短，营养体生长不良，以致蘖少、穗粒变小，产量锐减。喜冷凉长日照作物冬小麦南移至冬季暖和的环境时，常因不能满足其苗期对低温的要求而匍匐不起，或受短日照影响而延迟拔节、抽穗，不能及时成熟；北移则又因北方严寒而不能安全越冬。但如选择适当的品种类型，引种就可成功。当地区间生态环境差异较大时，可用种子繁殖的幼龄种苗或幼龄杂种材料加强培育管理，并逐步迁移种植，接受风土锻炼，使其在新环境中逐渐适应。这种风土驯化方法在林木、果树引种中常被应用。

1.1.6 引种的注意事项

引种时要根据当地气候条件，结合生产需要和育种目标，有目的有计划地进行。所引入的物种或品种、类型可较多，而每个样品（种子、苗木）的数量可较少，并须严格检疫，防止病、虫、草害传入。为了尽快确定引入材料的利用价值，须建立引种观察圃网点，进行较全面的鉴定评价，并注意搜集包括该物种起源中心或变异类型较多的地区以及该作物主产区的信息，以便采取适当的培育措施，提高引种效果。

1.2 孟德尔学说与遗传因子

任何一门学科的形成与发展，总是同当时热衷于这门科学研究的杰出人物紧密相关，遗传学的形成与发展也不例外。遗传学杰出的奠基人孟德尔 1822 年出生于奥地利海森道夫地区的一个贫苦农民家庭，受擅长于园艺技术的父亲的影响与熏陶，自幼就爱好园艺。1843 年，他中学毕业后考入奥尔缪茨大学哲学院，但因家境贫寒，被迫中途辍学。1843 年 10 月，因生活所迫，他到奥地利布隆城的一所修道院当修道士。从 1851 年到 1853 年，孟德尔在维也纳大学系统学习了植物学、动物学、物理学和化学等课程。与此同时，他还受到了从事科学研究的良好训练。1854 年孟德尔回到家乡，继续在修道院任职，并利用业余时间开始了长达 12 年的植物杂交试验。

1.2.1 孟德尔的遗传试验

（1）孟德尔遗传定律——分离规律

1）杂交试验现象的观察。在孟德尔从事的大量植物杂交试验中，以豌豆杂交试验的成绩最为出色。豌豆具有一些稳定且容易区分的性状，这很符合孟德尔的试验要求。在孟德尔的杂交试验中，他全神贯注地研究了 7 对相对性状的遗传规律。

他用纯种的高茎豌豆与矮茎豌豆作为亲本进行杂交。结果发现，无论是以高茎作为母本，矮茎作为父本（正交），还是以高茎作为父本，矮茎作为母本（反交），它们杂交得到的第一代植株（简称“子一代”，以 F_1 表示）都表现为高茎。也就是说，就这一对相对性状而言，F_1 植株的性状只能表现出双亲中的一个亲本的性状——高茎，而另一亲本的性状——矮茎则在 F_1 中完全没有得到表现。同样，纯种的红花豌豆和白花豌豆进行杂交试验时，无论是正交还是反交，F_1 植株全都是红花豌豆。正因为如此，孟德尔就把在这一对性状中，F_1 能够表现出来的性状，如高茎、红花，叫作显性性状，而把 F_1 未能表现出来的性状，如矮茎、白花，叫作隐性性状。孟德尔在豌豆的其他 5 对相对性状杂交试验中，都得到了易于区别的显性性状和隐性性状。

在孟德尔杂交试验中，由于在杂种 F_1 时只表现出相对性状中的一个性状——显性性状，那么，相对性状中的另一个性状——隐性性状，是不是就此消失了呢？孟德尔继续自己的杂交试验工作。他让上述 F_1 的高茎豌豆自花授粉，然后把所结出的 F_2 豌豆种子于次年再播种下去，得到杂种 F_2 的豌豆植株有高茎豌豆（显性性状）和矮茎豌豆（隐性性状）两种类型。孟德尔把这种现象称为分离现象。孟德尔在 1 064 株 F_2 豌豆中发现：高茎 787 株，矮茎有 277 株，两者数目之比近似于3∶1。孟德尔以同样的试验方法进行红花豌豆的 F_1 自花授粉，在杂种 F_2 的929 株豌豆植株中，红花豌豆有705 株，白花豌豆有224 株，二者之比同样接近于3∶1。孟德尔还分别对其他 5 对相对性状做了同样的杂交试验，其结果也都是如此。

为了更好地说明分离现象，下面用一对遗传因子的图解来说明孟德尔的豌豆杂交试验及其假说，如图 1－1 所示。

亲本：　　纯合高茎豌豆 DD　　×　　纯合矮茎豌豆 dd

↓

F_1：　　杂合高茎豌豆 Dd

↓⊗

F_2：　　$\frac{1}{4}$纯合高茎豌豆 DD　　$\frac{1}{2}$杂合高茎豌豆 Dd　　$\frac{1}{4}$纯合矮茎豌豆 dd

图 1－1　豌豆杂交遗传因子分析

纯合高茎豌豆（基因型 DD）与纯合矮茎豌豆（基因型 dd）杂交，F_1 代全部为杂合高茎豌豆（基因型 Dd），F_1 自交时，产生两种不同类型的配子，一种是含有遗传因子 D 的配子，另一种是含有遗传因子 d 的配子，两种配子在数量上相等，各占 1/2。因此，上述两种雌雄配子的结合便得到了 F_2 代三种组合：DD、Dd 和 dd，它们之间的比接近于 1∶2∶1，而在性状表现上则接近于 3（高）∶1（矮）。

经过 1856～1864 年整整 8 年的不懈努力，孟德尔终于在 1865 年发表了《植物杂交试验》的论文，提出了遗传单位即遗传因子（现代遗传学称为基因）的论点，并揭示出遗传学的两个基本规律——分离规律和自由组合规律，为遗传学的诞生和发展奠定了坚实的基础。但令人遗憾的是，由于他那不同于前人的创造性见解过于超前，竟然在长达35年的时间里，没有引起生物界同行们的注意。直到1900年，他的发现被欧洲三位不同国籍的植物学家在各自的豌豆杂交试验中分别予以证实后，才受到重视和公认，遗传学研究从此快速发展。

2）对性状分离现象的解释。孟德尔根据7个豌豆杂交试验结果，提出了遗传因子的分离假说，其主要内容可归纳为：

A. 生物性状的遗传由遗传因子决定（遗传因子后来被称为基因）。

B. 遗传因子在体细胞内成对存在，其中一个来自父本，另一个来自母本；在形成配子时，成对的遗传因子又彼此分离，并且各自进入到一个配子中。这样，在每一个配子中，就只含有成对遗传因子中的一个，这个因子也许来自父本，也许来自母本。

C. 在杂种 F_1 的体细胞中，两个遗传因子处在各自独立、互不干涉的状态之中，它们对性状发育所起的作用也表现出明显的差异，即一方对另一方起了决定性的作用，因而有显性因子和隐性因子之分，随之，也就有了显性性状与隐性性状之分。

D. 杂种 F_1 所产生的不同类型的配子，其数目相等，而雌雄配子的结合又是随机的，即各种不同类型的雌配子与雄配子的结合机会均等。

在图1-1所示一对遗传因子的遗传分析中，遗传下来的和最终表现出来的并不完全是一回事，如当遗传结构为DD型时，其表现出来的性状是高茎豌豆，而遗传结构为Dd型时，其表现出来的也是高茎豌豆。像这样，生物个体所表现出来的外形特征和生理特性叫作表现型，如高茎与矮茎，红花与白花；而生物个体或其某一性状的遗传基础，则被称为基因型，如高茎豌豆的基因型有DD和Dd两种，而矮茎豌豆的基因型只有dd一种。由相同遗传因子的配子结合成的合子发育而成的个体叫作纯合体，如DD和dd的植株；凡是由不同遗传因子的配子结合成的合子发育而成的个体则称为杂合体，基因型是生物个体内部的遗传物质结构，因此，生物个体的基因型在很大程度上决定了生物个体的表现型。例如，含有显性遗传因子D的豌豆植株（DD和Dd）都表现为高茎，无显性遗传因子的豌豆植株（dd）都表现为矮茎。由此可见，基因型是性状表现的内在因素，而表现型则是基因型的表现形式。由以上分析可知，表现型相同，基因型却并不一定相同。例如，DD 和 Dd 的表现型都是高茎，但其基因型并不相同，并且它们的下一代有差别：DD 的下一代都是高茎的，而 Dd 的下一代则有分离现象——既有高茎，也有矮茎。

3）分离规律的验证。前面讲到孟德尔对分离现象的解释，仅仅是一种假说。为了使这个假说上升为科学真理，孟德尔设计了测交法对实验结果进行验证。

按照孟德尔对分离现象的解释，杂种一代 F_1（Dd）一定会产生带有遗传因子 D 和 d 的两种配子，并且两者的数目相等；而隐性类型（dd）只能产生一种带有隐性遗传因子 d 的配子，这种配子不会遮盖 F_1 中遗传因子的作用。所以，测交产生的后代应当一半是高茎（Dd）的，一半是矮茎（dd）的，即两种性状之比为 1∶1。如图 1－2 所示。

F_1：杂合高茎豌豆 Dd　×　纯合矮茎豌豆 dd

↓

$\frac{1}{2}$杂合高茎豌豆 Dd　$\frac{1}{2}$纯合矮茎豌豆 dd

图 1－2　测交遗传因子的分析

孟德尔用杂种子一代 F_1（Dd）与纯合亲本矮茎豌豆（dd）杂交，得到的后代共 64 株，其中高茎的 30 株，矮茎的 34 株，即性状分离比接近 1∶1，实验结果符合预先设想。对其他几对相对性状的测交试验，也无一例外地得到了近似于 1∶1 的分离比。孟德尔的测交结果，有力地证明了他自己提出的遗传因子分离假说是正确的。

（2）孟德尔遗传定律——自由组合规律

孟德尔在揭示了由一对遗传因子（或一对等位基因）控制的一对相对性状杂交的遗传规律——分离规律之后，又进行了两对、三对甚至更多对相对性状杂交的遗传试验，进而又发现了第二条重要的遗传学规律，即自由组合规律，也有人称之为独立分配规律。

1）杂交试验现象的观察。孟德尔在进行两对相对性状的杂交试验时，仍以豌豆为材料。他选取了具有两对相对性状差异的纯合体作为亲本进行杂交，一个亲本是黄色圆形种子（简称黄色圆粒），另一亲本是绿色皱形种子（简称绿色皱粒），无论是正交还是反交，所得到的 F_1 全都是黄色圆形种子。由此可知，豌豆的黄色对绿色是显性，圆粒对皱粒是显性，所以 F_1 的豌豆呈现黄色圆粒性状。如果把 F_1 的种子播下去，让它们的植株进行自花授粉（自交），则在 F_2 中出现了明显的性状分离和自由组合现象。在共计得到的556粒 F_2 种子中，有4种不同的表现类型。如果以数量最少的绿色皱形种子32粒作为比例数1，那么 F_2 的4种表现型的数字比例大约为9∶3∶3∶1。图1－3为豌豆种子两对相对性状的遗传试验。从试验结果看出，在 F_2 所出现的四种类型中，有两种是亲本原有的性状组合，即黄色圆形种子和绿色皱形种子，还有两种不同于亲本类型的新组合，即黄色皱形种子和绿色圆形种子，其结果显示出不同相对性状之间的自由组合。

亲本：　纯合黄色圆粒 YYRR　×　纯合绿色皱粒 yyrr

↓

F_1：　杂合黄色圆粒 YyRr

↓⊗

F_2：　$\frac{9}{16}$ 黄色圆粒　$\frac{3}{16}$ 黄色皱粒　$\frac{3}{16}$ 绿色圆粒　$\frac{1}{16}$ 绿色皱粒

图1－3　豌豆种子两对相对性状的遗传试验

2）杂交试验结果的分析。孟德尔在杂交试验的分析研究中发现，如果单就其中的一对相对性状而言，那么，其杂交后代的显性、隐性性状之比仍然符合3∶1的近似比值。以上性状分离比的实际情况充分表明，这两对相对性状的遗传，分别是由两对遗传因子控制着，其传递方式依然符合于分离规律。此外，它还表明了一对相对性状的分离与另一对相对性状的分离无关，二者在遗传上是彼此独立的。如果把这两对相对性状联系在一起进行考虑，那么，这个 F_2 表现型的分离比，应该是它们各自 F_2 表现型分离比（3∶1）的乘积。这也表明，控制黄、绿和圆、皱两对相对性状的两对等位基因，既彼此分离，又自由组合。

3）自由组合规律的验证。如图1－4所示，与分离规律相类似，要将自由组合规律由假说上升为真理，同样也需要科学试验的验证。孟德尔为了证实具有两

对相对性状的 F_1 杂种，确实产生了 4 种数目相等的不同配子，他同样采用了测交法来验证。把 F_1 杂种与双隐性亲本进行杂交，由于双隐性亲本只能产生一种含有两个隐性基因的配子（yr），所以测交所产生的后代，不仅能表现出杂种配子的类型，而且还能反映出各种类型配子的比数。即

杂合黄色圆粒 YyRr × 纯合绿色皱粒 yyrr

↓

$\frac{1}{4}$黄色圆粒 $\frac{1}{4}$黄色皱粒 $\frac{1}{4}$绿色圆粒 $\frac{1}{4}$绿色皱粒

图 1－4 自由组合规律的验证试验

当 F_1 杂种与双隐性亲本测交后，如能产生四种不同类型的后代，而且比数相等，那么，就证实了 F_1 杂种在形成配子时，其基因就是按照自由组合的规律彼此结合的。为此，孟德尔做了测交试验。实际测交的结果，无论是正交还是反交，都得到了 4 种数目相近的不同类型的后代，其比数为 1∶1∶1∶1，与预期的结果完全符合。这就证实了雌雄杂种 F_1 在形成配子时，确实产生了四种数目相等的配子，从而验证了自由组合规律的正确性。

1.2.2 遗传因子

“相对性状是受一对等位基因控制的，这些基因之间存在着显性和隐性的关系。”孟德尔用于试验的豌豆种子有外形圆滑和皱缩的、黄的和绿的等区别，能够形成可进行区分的一对性状，孟德尔称这些性状为“相对性状”。具体讲就是当“圆滑”和“皱缩”这一对等位基因兼而有之的时候，则表现出显性的“圆滑”性状；而作为隐性的“皱缩”性状只有在拥有两个皱缩基因时才能够表现出来。孟德尔那个时代还不知道染色体的存在。现在已经弄清，等位基因存在于两条同源染色体上的同一位置。

孟德尔明确地指出，生物体的每种性状是由两个遗传因子决定的。一种是决定显性性状的形式，另一种是决定隐性性状的形式，当决定某一性状的两个因子完全一样时，这种遗传因子的组合方式就叫纯结合，这种个体就是纯种。如果决定某个性状的两个遗传因子不完全相同，而是相似，那么，这种遗传因子的组合

就叫杂结合或异质结合，这种个体也就是杂种。

相对性状指同种生物同一性状的不同表现类型，如豌豆花色有红花与白花，种子形状有圆粒与皱粒等。为了方便和有利于分析研究，他首先只针对一对相对性状的遗传情况进行研究，然后再观察多对相对性状在一起的遗传情况。

孟德尔的论文标题是《植物杂交试验》，因此他所从事试验的方法，主要是“杂交试验法”。孟德尔的文章语言流畅，学说简单质朴，而且发表的时间（1866）正是迫切需要这种学说的时候，然而他的工作为什么长期完全被忽视确实是一个费解的谜。

1.3 纯系学说与系统育种

1.3.1 纯系学说

1900 年，丹麦科学家约翰森将 8 千克（近 16 000 粒）天然混杂的同一菜豆品种的种子，按单粒称重，平均 495 毫克。1901 年选出轻重显著不同的 100 粒种子分别播种，成熟后分株收获，测定每株种子的单粒重，从中挑选由 19 个单株后代构成的 19 个纯系，它们的平均粒重有着明显的差异，轻者 351 毫克，重者 642 毫克。1902 ~ 1907 年，连续 6 代在每个纯系内选重的和轻的种子分别播种，发现每代由重种子长出的植株所结种子的平均粒重，都与由轻种子长出的植株所结种子的平均粒重相似；而且各个纯系虽经 6 代的选择，其平均粒重仍分别和各系开始选择时大致相同。这说明在纯系内选择是无效的。但经过 6 代的选择后，各个纯系之间的平均粒重仍保持开始选择时的明显差异，这说明各纯系间平均粒重的差异是稳定遗传的，也说明了在混杂的群体内进行选择的有效性。

根据菜豆选种试验结果，约翰森于 1909 年提出一种学说，认为植物连续自交若干代后，能形成基因型纯合的品系，即纯系。由于环境的影响，纯系中各个个体在一些数量性状（如豆粒的重量）会出现变异，但对这种变异进行选择是没有意义的，因为它们的后代仍会在纯系的范围内发生变异，这就是他提出的所谓纯系内选择无效的观点。纯系内个体差异由环境影响造成，是不遗传的，故纯系内选择无效。纯系学说区分了遗传的变异和不遗传的变异，是自花授粉作物单株选择育种的理论根据。但他所指的纯系，仅就菜豆粒重这一性状而言，并未涉及所有性状；何况“纯”只是相对的，所谓纯系在日益扩大繁殖的情况下，由于天然杂交和突变，必然会发生基因的分离和重组。育种实践表明，在“纯系”内进行选择也不是完全无效的。他把纯系学说与达尔文进化论联系起来，认为选择只能对现成的遗传差异起分类和过筛的作用，并不能创造新种。这样的看法现在看来也是站不住脚的。

约翰森在纯系学说中正确区分了生物体的可遗传变异（纯系间的粒重差异）与不遗传变异（纯系内的粒重差异），并提出“纯系内选择在基因型上不产生新的改变”的论点，为自花授粉植物的纯系育种建立了理论基础。育种中应用的植物自交系和动物近亲繁殖系也是根据这个学说发展起来的。

然而在植物界，即使是严格的自花授粉植物，纯系的保持也只是相对的。因为在任何一个纯系内，都存在着由于基因突变而导致某种性状发生变异的可能性，而变异的出现就使纯系内的选择成为有效。约翰森在他生前发表的最后著作中，还指出“在纯系的某一后代中当基因型发生改变时，纯系可能分裂为几种基因型”。

1.3.2 纯系育种

纯系育种是作物育种的最基本方法，即从现有品种群体中选择优良自然变异个体（株或穗），通过后代鉴定，保纯繁育，育成新品种。适用于自花授粉和常异花授粉作物，也用于无性繁殖作物的芽变选择。

（1）纯系育种的沿革

作物育种是从纯系选择开始的，不论采取何种途径，都与个体选择相联系。我国北魏时的《齐民要术》对谷物选种的必要性、选种方法及种子储藏、保纯等已都有论述。清代《格物篇》也记有通过单株选择获得早熟御稻品种的事实。1856 年，法国人德维尔莫兰在进行糖用甜菜等作物育种时，首先提出单株的优劣必须通过种植并考查其后代表现才能作出评价这个基本原则，即“德维尔莫兰分离原则”。1903 年，丹麦的约翰森根据菜豆试验提出了纯系学说为纯系育种奠定了理论基础。此后，世界各国都依此原理采用个体选择法开展各类作物的育种。

（2）纯系育种的特点

自花授粉作物品种是由大同小异的一些纯系所组成，经过一次选择，所得的单株（穗）都是遗传上的纯合体。只要该当选单株（穗）是优良个体，经过几年鉴定比较，如显著优于对照品种，即可作为新品种申请参加区域试验。这种方法简单，试验年限短。

但一个较纯的品种群体，个体间在基因型上还会有若干微小差异，经过一定时期在不同生态条件下种植，由于自然变异和自然选择的作用，逐渐发展为较明显的差异，便为继续选择提供了材料。如对水稻地方品种鄱阳早进行个体选择，于1933年育成了适应性广的南特号；1943年又由南特号育成了早熟、耐肥、丰产的南特16号。对南特16号再行个体选择，1956年育成了矮秆、抗倒的矮脚南特；此后又自矮脚南特中选育出早熟的矮南早1号，其性状已与鄱阳早迥然不同。从理论上说，连续选择对常异花授粉作物更为有效，因为一定程度的异交率可为扩大遗传变异提供条件。

纯系选择在20世纪50年代以前的稻麦等作物育种中曾起过巨大作用，目前对种植面积较小的作物或在生态类型较复杂、存在大量地方品种的地区，仍是重要的育种手段。但是由于它只能从原有群体中选出已有的变异类型，难以育成与原品种有显著差异的突破性新品种，因而存在一定的局限性。

（3）纯系育种的方法

从原有品种群体中选择优良个体（株、穗、铃、荚等），分别脱粒、保存，翌年每一个体的种子分别单种，通过个体后代间相互比较，选出优良单系。这种方法即个体选择法，是纯系育种的关键，其效果取决于以下一些因素：

1）基础材料。供个体选择用的品种群体要经济性状优良、适应性广、遗传变异率高。一般以当地大面积种植或由杂交育成的新推广品种为佳。前者经广大地区长期种植，类型变异较多，可提供较为丰富的遗传变异；后者遗传性状尚未充分稳定，仍有剩余变异可资利用。此外，品种引至新的生态条件下种植时，常会引起遗传基因的不同表达，出现与原产地不同的新类型，如其主要性状基本符合要求，则选择的余地更大。一般可对供选择的原有群体先进行品种比较试验，再从优良群体的繁殖区中选择优良个体。

2）选择标准。在肥力均匀、植株营养面积相近、管理措施一致的田块进行选择，可减少因环境差异引起的不遗传变异。凡所处条件优越者，如邻株矮小、晚发或缺株等，选择标准应适当提高；反之，受邻株影响较大或密度较高的地段，选择标准可酌情降低。

3）选择时间。品种性状是在不同的生长时期和条件下显现的，故以分阶段在各个性状表现最明显、最易于区别其间的差异时鉴定，并分次选择为宜。如冬小麦的耐寒性在冬季或春季苗期，早熟性在抽穗、开花和成熟期，抗倒性在大风雨后，抗病性在各类病害盛发时期进行鉴定和选择等。对当选植株要随时做好标记，以便成熟时在田间根据阶段性表现进行综合评定和决选。收获后再按室内鉴定结果予以复选。

4）选择数量。一般纯系品种的自然变异频率较低，出现优良变异的机会更少。为提高选得优异个体的概率，供选择的原有品种群体不宜太小。如在一个新地区开展纯系育种工作，则其品种考察范围要扩大，个体选择的数量可自几千至几万；规模较小的也可选择几十、几百以至上千个个体。

（4）纯系育种的育种程序

1）株行（系）试验。又称株行（系）圃。即一个当选个体的种子栽种1行或几行（小区），相互进行比较。行长因作物和试验地条件而定，一般每隔9行（小区）种1行（小区）对照品种。通过田间观察、室内考种和初步测产，选留少数优良单系（由一个个体繁殖出的后代），升入鉴定圃。其中表现虽好，但性状尚有分离的，可继续从中选择优良个体，参加下一年的株行（系）试验。这种经2次以上的个体选择，称多次个体选择法。

2）鉴定圃试验：即上年当选的单系各成为一个品系，对之进行初步的产量比较。为此须采用适当的田间试验设计，重复2～3次，并设对照区，以便估测品系间在产量及其他经济性状上差异的显著性。生长期中应进行系统观察记载。最后根据产量、田间表现和室内鉴定结果，选出少数综合表现优于对照品种的品系，供进一步进行品种预备试验和比较试验。

3）品系比较试验：品系比较试验的方法与鉴定圃试验基本相同，但小区面积适当加大，重复3~4次，大都采用随机区组设计，参加比较试验的品系数较少。除生长期间系统观察记载经济性状和主要特征、特性外，还要进行抗性鉴定和品质分析，最后根据产量及其他各方面的综合表现，选出1~2个最优的品系作为本单位育出的新品种，申请参加区域试验。

1.4 杂交育种

1.4.1 杂交育种的概念

杂交育种指不同种群、不同基因型个体间进行杂交，并在其杂种后代中通过选择而育成纯合品种的方法。杂交可以使双亲的基因重新组合，形成各种不同的类型，为选择提供丰富的材料；基因重组可以将双亲控制不同性状的优良基因结合于一体，或将双亲中控制同一性状的不同微效基因积累起来，产生在各该性状上超过亲本的类型。正确选择亲本并予以合理组配是杂交育种成败的关键。

1.4.2 亲本选配原则

根据育种目标要求，一般应按照下列原则进行亲本选配：

1）亲本应有较多优点和较少缺点，亲本间优缺点力求达到互补。

2）亲本中至少有一个是适应当地条件的优良品种，在条件严酷的地区，亲本最好都是适应环境的品种。

3）亲本之一的目标性状应有足够的遗传强度，并无难以克服的不良性状。

4）生态类型、亲缘关系上存在一定差异，或在地理上相距较远。

5）亲本的一般配合力较好。

1.4.3 杂交方法

1）调节开花期。通过分期播种、调节温度、光照及施肥管理等措施，使父本、母本花期相遇。

2）控制授粉。在母本雌蕊成熟前进行人工去雄，并套袋隔离，避免自交和天然异交。

3）适期授以纯净新鲜花粉，做好标志并套袋隔离和保护。

用于杂交的父本和母本分别用 P_1 和 P_2 表示，其代表符号分别为♂和♀；×表示杂交。杂交所得种子种植而成的个体群称杂种一代（子一代），用 F_1 表示。F_1 群体内个体间交配或自交所得的子代为 F_2、F_3、F_4 等表示随后各世代。

1.4.4 组合方式

杂交方式亲本确定之后，采用什么杂交组合方式，也关系育种的成败。通常采用的有单交、复合杂交、回交等杂交方式。

（1）单交

单交即两个品种间的杂交（单交），用甲×乙表示，由于简单易行、经济，所以生产上应用最广。

（2）复合杂交

复合杂交即用两个以上的品种、经两次以上杂交的育种方法。如果单交不能实现育种所期待的性状要求时，往往采用复合杂交，其目的在于创造一些具有丰富遗传基础的杂种原始群体，以期从中选出更优秀的个体。

复合杂交可分为三交、双交等。

三交是一个单交 F_1 与另一品种的再杂交，可表示为（甲×乙）×内。

双交是两个不同的单交 F_1 的杂交，可表示为（甲×乙）×（丙×丁）或（甲×丙）×（乙×丙）。

（3）回交

回交即杂交后代继续与其亲本之一再杂交，以加强杂种世代某一亲本性状的育种方法。当育种目的是企图把某一群体乙的一个或几个经济性状引入另一群体甲中去，则可采用回交育种。

1.4.5 杂种后代处理方法

杂交创造的变异材料要进一步加以培育选择，才能选育出符合育种目标的新品种。培育选择的方法主要有系谱法和混合法。

系谱法是自杂种分离世代开始连续进行个体选择，并予以编号记载直至选获性状表现一致且符合要求的单株后裔（系统），按系统混合收获，进而育成品种。这种方法要求对历代材料所属杂交组合、单株、系统、系统群等均有按亲缘关系的编号和性状记录，使各代育种材料都有家谱可查，故称系谱法。

典型的混合法是从杂种分离世代 F_2 开始，各代都按组合取样混合种植，不予选择，直至一定世代才进行一次个体选择，进而选拔优良系统以育成品种。

在典型的系谱法和混合法之间又有各种变通方法，主要有：改良系谱法、混合系谱法、改良混合法、衍生系统法、一粒传法。

不同性状的遗传力高低不同。在杂种早期世代往往又针对遗传力高的性状进行选择，而对遗传力中等或较低的性状则留待较晚世代进行。选择的可靠性以个体选择最低，系统选择略高，F_3 或 F_4 衍生系统以及系统群选择为最高。选择的注意力也最高。因此随杂种世代的进展，选择的注意力也从单株进而扩大到系统以至系统群和衍生系统的评定。

试验条件一致性对提高选择效果十分重要，为此须设对照区，并采取科学和客观的方法进行鉴定，包括直接鉴定、间接鉴定、自然鉴定或田间鉴定、诱发鉴定或异地鉴定。杂种早代材料多，一般采取感官鉴定。晚代材料少，再做精确的全面鉴定。

1.4.6 育种程序

育种程序一般包括以下环节：原始材料观察、亲本圃、选种圃、产量比较试验。

杂交育种一般需 7～9 年时间才可能育成优良品种，现代育种都采取加速世代的做法，结合多点试验、稀播繁殖等措施，尽可能缩短育种年限。

1.5 诱变育种

1.5.1 诱变育种简介

诱变育种是指用物理、化学因素诱导动植物的遗传特性发生变异，再从变异群体中选择符合人们某种要求的单株/个体，进而培育成新的品种或种质的育种方法。它是继选择育种和杂交育种之后发展起来的一项现代育种技术。

1.5.2 诱变育种发展简史

1927 年，美国科学家缪勒发现 X 射线能引起果蝇发生可遗传的变异。1928 年，斯塔特勒证实 X 射线对玉米和大麦有诱变效应。此后，瑞典尼尔松－埃赫勒和古斯塔夫森在 1930 年利用辐射得到了有实用价值的大麦突变体；托伦纳在 1934 年利用 X 射线育成了优质的烟草品种“赫洛里纳”；1942 年，奥尔巴克发现芥子气能导致类似 X 射线所产生的各种突变，1948 年古斯塔夫森用芥子气诱发大麦产生突变体。

20 世纪 50 年代以后，诱变育种方法得到改进，成效更为显著，如美国用 X 射线和中子引变，育成了用杂交方法未获成功的抗枯萎病的胡椒、薄荷新品种等。

20 世纪 70 年代以来，诱变因素从早期的 X 射线发展到 γ 射线、中子、多种化学诱变剂和生理活性物质，诱变方法从单一处理发展到复合处理，同时，诱变育种与杂交育种、组织培养等密切结合，大大提高了诱变育种的实际意义。

我国在宋朝宣和年间曾有用药物处理牡丹的根，从而诱发花色变异的记载。但用现代方法进行诱变育种，则始于 20 世纪 50 年代后期。1965 年以后各地陆续用此法育成了许多优良品种并投入生产。

1.5.3 诱变的方法

（1）物理诱变原理

应用较多的是辐射诱变，即用 α 射线、β 射线、γ 射线、X 射线、中子和其他粒子、紫外辐射以及微波辐射等物理因素诱发变异。当通过辐射将能量传递到生物体内时，生物体内各种分子便产生电离和激发，接着产生许多化学性质十分活跃的自由原子或自由基团。它们继续相互反应，并与其周围物质特别是大分子核酸和蛋白质反应，引起分子结构的改变。由此又影响到细胞内的一些生化过程，如 DNA 合成的中止、各种酶活性的改变等，使各部分结构进一步深刻变化，其中尤其重要的是染色体损伤。由于染色体断裂和重接而产生染色体结构和数目的变异即染色体突变，而DNA分子结构中碱基的变化则造成基因突变。那些带有染色体突变或基因突变的细胞，经过细胞世代将变异了的遗传物质传至性细胞或无性繁殖器官，即可产生生物体的遗传变异。

（2）物理诱变方法

诱变处理的材料宜选用综合性状优良而只有个别缺点的品种、品系或杂种。由于材料的遗传背景和对诱变因素的反应不同，出现有益突变的难易各异，因此进行诱变处理的材料要适当多样化。

由于不同科、属、种及不同品种植物的辐射敏感性不同，其对诱变因素反应的强弱和快慢也各异。如十字花科白菜的敏感性小于禾本科的水稻、大麦，而水稻、大麦的敏感性又小于豆科的大豆。另外，辐射敏感性的大小还同植物的倍数性、发育阶段、生理状态和不同的器官组织等有关。如二倍体植物大于多倍体植物，大粒种子大于小粒种子，幼龄植株大于老龄植株，萌动种子大于休眠种子，性细胞大于体细胞等。

根据诱变因素的特点和作物对诱变因素敏感性的大小，在正确选用处理材料的基础上，选择适宜的诱变剂量是诱变育种取得成效的关键。适宜诱变剂量是指能够最有效地诱发作物产生有益突变的剂量，一般用半致死剂量（LD_{50}）表示。

辐照方法分外照射和内照射两种，前者指被照射的植物接受来自外部的γ射线源、X射线源或中子源等辐射源辐照，这种方法简便安全，可进行大量处理。后者指将放射性物质（如^{32}P、^{35}S等）引入植物体内进行辐照，此法容易造成污染，需要防护条件，而且被吸收的剂量也难以精确测定。干种子因便于大量处理和便于运输、储藏，用于辐照最为简便。

（3）化学诱变原理

化学诱变除能引起基因突变外，还具有和辐射相类似的生物学效应，如引起染色体断裂等，常用于处理迟发突变，并对某特定的基因或核酸有选择性作用。化学诱变剂主要有：

1）烷化剂。这类物质含有1个或多个活跃的烷基，能转移到电子密度较高的分子中去，置换其他分子中的氢原子而使碱基改变。常用的有甲基磺酸乙酯（EMS）、乙烯亚胺（EI）、亚硝基乙基脲烷（NEU）、亚硝基甲基脲烷（NMU）、硫酸二乙酯（DES）等。

2）核酸碱基类似物。为一类与 DNA 碱基相类似的化合物。渗入 DNA 后，可使 DNA 复制发生配对上的错误。常用的有 5 - 溴尿嘧啶（BU）、5 - 溴去氧尿核苷（BudR）等。

3）抗生素。如重氮丝氨酸、丝裂毒素 C 等，具有破坏 DNA 和核酸的能力，从而可造成染色体断裂。

（4）化学诱变方法

化学诱变主要用于处理种子，其次为处理植株。

种子处理时，先在水中浸泡一定时间，或以干种子直接浸在一定浓度的诱变剂溶液中处理一定时间，水洗后立即播种，或先将种子干燥、储藏，以后播种。

植株处理时，简单的方法是在茎秆上切一浅口，用脱脂棉把诱变剂溶液引入植物体，也可对需要处理的器官进行注射或涂抹。

应用的化学诱变剂浓度要适当。处理时间以使受处理的器官、组织完成水合作用和能被诱变剂所浸透为度。化学诱变剂大都是潜在的致癌物质，使用时必须谨慎。

1.5.4 诱变后代处理

经诱变处理产生的诱变一代，以 M_1 表示。由于受射线等诱变因素的抑制和损伤，M_1 的发芽率、出苗率、成株率、结实率一般较低，发育延迟，植株矮化或畸形，并出现嵌合体。但这些变化一般不能遗传给后代。诱变引起的遗传变异多数为隐性，因此 M_1 一般不进行选择，而以单株、单穗等为单位收获。诱变二代（M_2）是变异最大的世代，也是选择的关键时期，可根据育种目标及性状遗传特点选择优良单株（穗）。多数变异是不利的，但也能出现早熟、秆矮、抗病、抗逆、品质优良等有益变异，变异频率为 0.1% ~0.2%。诱变三代（M_3）以后，随着世代的增加，性状分离减少，有些性状一经获得即可迅速稳定。经过几个世代的选择就能获得稳定的优良突变系，再进一步试验育成新品种。具有某些突出性状的突变系，还可用作杂交亲本。

1.5.5 对诱变育种的认识

通过近几十年的研究人们对诱变原理的认识也逐步加深。

我们知道，常规的杂交育种基本上是染色体的重新组合，这种技术一般并不引起染色体发生变异，更难以触及到基因。而辐射的作用则不同，它们有的是与细胞中的原子、分子发生冲撞、造成电离或激发；有的则是以能量形式产生光电吸收或光电效应；还有的能引起细胞内的一系列理化过程。这些都会对细胞产生不同程度的伤害。对染色体的数目、结构等都会产生影响，使有的染色体断裂了；有的丢失了一段，有的断裂后在“自我修复”的过程中头尾接倒了或是“张冠李戴”分别造成染色体的倒位和易位。当然射线也可作用在染色体核苷酸分子的碱基上，从而使基因（遗传密码）发生突变。

至于化学诱变，有的药剂是用其烷基置换其他分子中的氢原子，也有的本身是核苷酸碱基的类似物，它可以“鱼目混珠”，造成DNA复制中的错误。无疑这些都会使植物的基因发生突变。理、化因素的诱导作用使得植物细胞的突变率比自然变异高出千百倍，有些变异是其他手段难以得到的。当然，所产生的变异绝大多数不能遗传，所以，辐射后的早代一般不急于选择。

但是，可遗传的好性状一经获得便可育成品种或种质资源。据世界原子能机构1985年统计，当时世界各国通过诱变已育成500多个品种，还有大量有价值的种质资源。中国的诱变育种同样成绩斐然，在过去的几十年中，经诱变育成的品种数一直占到同期育成品种总数的10%左右。如水稻品种原丰早，小麦品种山农辐63，还有玉米的鲁原单4号、大豆的铁丰18、棉花的鲁棉Ⅰ号等都是通过诱变育成的。

当然与其他技术一样，诱变育种也有自身的弱点：一是诱变产生的有益突变体频率低；二是还难以有效地控制变异的方向和性质；另外，诱发并鉴定出数量性状的微突变比较困难。

因此提高诱变效率，迅速鉴定和筛选突变体以及探索定向诱变的途径，是当前研究的重要课题。

1.6 杂种优势

1.6.1 杂种优势研究简史

早在2 000年前，中国人就用母马和公驴交配而获得体力强大的杂种——役骡，开辟了人类历史上观察和利用杂种优势的先例。在植物中，德国学者克尔罗伊特于1776年首先描述了烟草、石竹、紫茉莉、曼陀罗等属的不同种间的杂种优势。1849年盖特纳在他所研究的80个属的700种植物中同样发现了杂种优势。孟德尔1866年发表的《植物杂交试验》论文中提到：用1英尺（此为非法定计量单位，1英尺=0.3048米）高与6英尺高的两种豌豆进行杂交得到的子一代植株无例外地都达到了6~7.5英尺的高度。1876年达尔文在所著《植物界异花授粉和自花授粉的效果》一书中总结了30个科、52个属、57个种及许多变种和品系间的杂交和自交实验观察结果，并得出了杂交对植物有益，自交对植物有害的结论。此后20~30年中许多学者受达尔文这一结论的启发，分别对杂种优势的理论和应用问题开展了广泛的研究。1900年孟德尔定律重新发现后，杂种优势的研究和应用得到了进一步的发展。

1.6.2 杂种优势的表现

杂种优势是杂合体在一种或多种性状上优于两个亲本的现象。例如不同品系、不同品种、甚至不同种属间进行杂交所得到的杂种一代往往比它的双亲表现更强大的生长速率和代谢功能，从而导致器官发达、体型增大、产量提高，或者表现在抗病、抗虫、抗逆力、成活力、生殖力、生存力等的提高。这是生物界普遍存在的现象。

杂种优势的表现应区别两类情况：

一类是常出现在某些远缘杂交子代中的杂种优势只表现为个体或某些器官的增大，如同植物在优异的环境中表现的旺盛徒长一样，可是它的生存和繁殖能力并没有提高。这类杂种优势称为杂种旺势。杂种旺势可能有利于生产，可是在进化上不一定有适应意义，所以某些研究生物进化的学者把它称为假杂种优势。

另一类杂种优势表现为杂种的生存和繁殖能力的提高，但在个体生长上不一定超过亲本，这类杂种优势才有进化上的适应意义，所以被看成是真正的杂种优势。在极少数生物中还可以遇到杂种的生存能力反而比亲本减退的现象，这种现象称为杂种劣势。

具有杂种优势的杂交子代一般都表现自交衰退现象。例如玉米的植株高度显示杂种优势，也可以明显地看到自交衰退现象。人类近亲结婚的新生儿和婴幼儿的死亡率高于一般婚配，先天性疾病和智力低下婴儿的出生率也较高，这些都是人类中的近交衰退现象。

1.6.3 杂种优势理论

杂种优势理论大致可归纳为显性和超显性两种假说。

（1）显性假说

早期以布鲁斯和琼斯等人为代表。

他们认为多数显性基因有利于个体的生长和发育，相对的隐性基因不利于生长和发育。杂合个体进行自交或近交就会增加子代纯合体出现的机会，暴露出隐性基因所代表的有害性状，因而造成自交衰退。如果选用这些不同的自交后代纯系（自交系），来进行杂交，那么由一个亲本带入子代杂合体中的某些隐性基因会被另一亲本的显性等位基因所遮盖，从而增进了杂合子代的生长势。由于杂种优势涉及许多基因，而有害的隐性基因和有利的显性基因难免相连锁，所以要把为数较多的有利基因全部以纯合状态集中到一个自交后代个体中的概率是微乎其微的，因而不可能获得一个同杂种生长势一样强的自交系。在杂交子一代中则几乎全部的有害基因的作用都为其有利基因所遮盖，因而出现杂种优势。显性假说所解释的这种有害隐性突变基因被显性基因遮盖所表现的杂种优势叫突变性杂种优势，这是异体交配生物群体赖以抵消有害突变压力的一种保护性措施。

野生型基因一般是显性的，显性基因多编码具有生物学活性的蛋白质，突变基因一般是隐性的，隐性基因多编码失去或降低活性的蛋白质。因此杂合体 AaBb 的生活力高于纯合体 AAbb 或 aaBB。这便是显性假说所说的杂种优势的生化基础。

（2）超显性假说

首先由沙尔于1911年提出，认为杂种优势是基因型不同的配子结合后产生的一种刺激发育的效应。后来伊斯特于1918年认为某些座位上的不同的等位基因（比如 A_1 和 A_2）在杂合体（A_1A_2）中发生的互作有刺激生长的功能，因此杂合体比两种亲本纯合体（A_1A_1 及 A_2A_2）显示出更大的生长优势，优势增长的程度与等位基因间的杂合程度有密切关系。依照超显性假说，杂合体 A_1A_2、A_1A_3、A_2A_3 等始终具有较高的适应性，因此 A_1、A_2、A_3 等基因可以一定的频率保存于这个群体之中，成为一种平衡的多型性而使群体蕴藏着最大的适应能力。这样的杂种优势可以叫作平衡性杂种优势。

超显性假说所说的杂种优势的生化基础至少有两种可能情况：

一是两个等位基因各自编码一种蛋白质，这两种蛋白质的相互作用的结果比各自独立存在更有利于个体的生存。例如人类的镰刀形血红蛋白杂合体（HbA/HbS）的红细胞中同时存在着两种血红蛋白：成人血红蛋白（HbA）和镰刀形细胞血红蛋白（HbS）。杂合体既不是贫血症患者，又较不易为疟原虫感染，因而在疟疾流行的地区更有利于生存。

二是两个杂合等位基因所编码的多肽结合成为活力高于相同亚基所形成的蛋白质。等位基因的这一相互作用形式至少曾经在粗糙脉孢菌的谷氨酸脱氢酶基因中发现。

上述两种假说一个强调显性基因作用，另一个强调基因间相互作用，它们既非互相排斥又不能概括一切。根据数量性状的遗传分析，杂种优势的遗传实质在于显性效应、累加效应以及异位显性、互补作用和超显性等各种基因互作效应。在某一材料中可能只有某一种基因互作决定某种程度的杂种优势，例如玉米杂交群体中一般以累加效应最明显。

1.6.4 育种应用

根据杂种优势的原理，通过育种手段的改进和创新，可以使农（畜）产品获得显著增长。这方面以杂种玉米的应用为最早，成绩也最显著，一般可增产20%以上。随后在家蚕、家禽、猪、牛、甜菜、牧草、高粱、洋葱、茄子、番茄、青椒、棉花、向日葵、油菜、花卉、林木中相继发展了杂种一代的生产利用。取得杂种优势的方法因不同物种的繁殖特点和可用的遗传特性而异。由于雄花不育及其恢复基因的发现和利用，使上述许多作物、蔬菜以及小麦等都能实行杂种种子的大量生产和种植。从20世纪70年代中期开始，中国育种工作者首创杂种水稻在生产上大面积的推广利用，收到很大增产效益，成为自花授粉作物杂种优势利用的成功典范。

1.6.5 无性繁殖

杂种优势从杂种二代起就大为减退。所以有人曾经设想利用无融合生殖的原理把种子植物的杂种一代优势固定下来，就能节省每年配制杂交种子的麻烦，但迄今未获成功。现在只有像甘薯、马铃薯等兼能无性繁殖的种子植物才能先通过有性杂交，再靠无性繁殖体来保持某种程度的杂种优势。随着植物组织培养技术的进展，利用体细胞无性增殖、分化成苗，可望在简化杂种制种程序方面取得突破。

1.6.6 杂种优势的利用途径——三系配套

三系指的是雄性不育系、保持系、恢复系，是杂种优势利用的主要途径。

（1）雄性不育系（A）

雄性不育系，雌雄同株植物中，雄蕊发育不正常，不能产生有功能的花粉，但它的雌蕊发育正常，能接受正常花粉而受精结实，并能将雄性不育性遗传给后代的植物品系。

1）雄性不育类型。

A. 细胞质雄性不育型，简称质不育型，表现为细胞质遗传。通常以单一的细胞质基因S和N分别代表雄性不育和雄性可育。用可育株花粉给雄性不育株的雌蕊授粉，能正常结实，但F_1植株仍表现为雄性不育的母体性状，因而不能自交产生F_2，农业生产上不能利用。

B. 细胞核雄性不育型，简称核不育型，表现为细胞核遗传，雄性不育性大多为一对隐性基因（msms）所控制，正常可育性为相对的显性基因（MsMs）所控制。雄性不育株与正常株杂交，F_1 植株为雄性可育（Msms）；F_1 自交产生的 F_2，可育株与不育株之比为3:1，难以用普通方法保持雄性不育系，在农业生产上也不可能广泛利用。

C. 核－质互作不育型，表现为核－质互作遗传。不但需要细胞质有不育基因S，而且需要细胞核里有纯合的不育基因（rfrf），二者同时存在，方能使植株表现为雄性不育。如胞质基因为可育N，则不论核基因是可育（RfRf）还是不育（rfrf），都表现为雄性可育。同样，如核里具有可育基因（RfRf）或（Rfrf），则不论胞质基因是可育N还是不育S，也都表现为雄性可育。这种由核－质互作形成的雄性不育系，其遗传组成为S（rfrf），不能产生正常的花粉，但可作为杂交母本。由于能找到保持系N（rfrf）［用它与不育系杂交，所产生的 F_1 仍能保持雄性不育，即S（rfrf）（♀）×N（rfrf）→S（rfrf）（F_1）（不育）］并能接受恢复系S（RfRf）或N（RfRf）［用它们与不育系杂交，所产生的 F_1 都是可育的，即：S（rfrf）（♀）×S（RfRf）→S（Rfrf）（F_1）（可育），或S（rfrf）（♀）×N（RfRf）→S（Rfrf）（F_1）（可育）］的花粉，使 F_1 恢复为雄性可育，F_1 植株自交产生 F_2，所以在农业生产上可以广泛应用。

雄性不育系可以免除人工去雄，节约人力，降低种子成本，还可保证种子的纯度。目前水稻、玉米、高粱、洋葱、蓖麻、甜菜和油菜等作物已经利用雄性不育系进行杂交种子的生产；对其他作物的雄性不育系，也正在进行广泛的研究。

2）细胞核雄性不育系。即由控制花粉正常育性的核基因发生突变而形成的不育系。

A. 不育机制。一般由1对隐性基因控制，但也有由2～3对隐性基因互作而产生的雄性不育性（如莴苣）。假如控制花粉正常育性是一对显性基因RfRf，则由于隐性突变，杂合体Rfrf自交后将会分离出纯合基因型rfrf，表现为雄性不育。大麦、玉米、高粱、大豆、番茄、棉花等很多作物都有这样的突变体。但偶尔还发现有杂合的显性核不育现象。其正常可育的基因型为msms，而经显性突变后产生的杂合基因型Msms会由于Ms的显性作用表现为雄性不育，当它被正常育性植株msms授粉结实时，其子代按1:1比例分离出显性不育株和隐性可育株，并依此方法代代相传。1972年中国在山西省发现的由显性单基因控制的太谷核不育小麦就属于此类。

B. 利用。因隐性核不育系难以找到有效的保持系，故不能大量产生不育系种子供制种用；但可用杂合可育株给不育株授粉，在正常育性受 1 对显性基因控制的情况下，其子代将按 1∶1 比例分离出纯合不育株和杂合可育株。用杂合可育株对不育株授粉，下一代育性分离仍是 1∶1 的比例。采用这种做法可以较大量地繁殖不育株与可育株的混合群体。这种群体内既有不育株又有保持不育性能力的植株，有人因此称之为两用系。杂交制种时，必须在开花前剔去母本群体内的可育株，以保证制种的纯度。一般栽培品种都可作隐性核不育系的恢复系，因此易于配出强优势组合。但要在混合群体开花前的短促时间内剔除全部可育株，对于繁殖系数低、用种量大的作物常因十分费工而不易做到。

1965 年，美国学者拉梅奇为解决大麦核不育系种子繁殖的困难，提出利用“平衡三级三体”的遗传机制：即在正常染色体上具有隐性雄性不育和隐性稃壳颜色正常的基因，在额外染色体上有相应的显性可育基因，并在其附近设法引入一个能使稃壳有色的显性标志基因，两者紧密连锁。额外染色体一般不能由花粉传递，只能以 30% 的比例由雌配子传给下代。这样的三级三体自交后将产生二体和三体两类植株，二体植株具纯合的雄性不育基因和正常稃色；三体植株带有一个显性可育基因和有色稃壳。通过光电比色装置对种子稃色进行筛选，可将带雄性可育基因的有色种子剔除，以繁殖纯不育系。这一设想后得到实现，育成了一个大麦杂交种，并在生产上推广。但后来在推广繁殖过程中，发现额外染色体通过雄配子的传递率比预期的高，上述机制受到干扰，而且杂种优势不够强，因而停止应用。对于繁殖系数高、用种量少的作物如番茄等，则可直接应用两用系作母本，于开花前逐株检查育性并剔除可育株，授以父本恢复系花粉，产生杂交种子。

总之，核不育系由于难以找到保持系，目前在生产上仍不能有效利用。而单基因控制的太谷显性核不育小麦在没有作出标志基因之前，只能作为常规育种中开展轮回选择和回交育种的亲本之用。

3）质、核互作雄性不育系。即由细胞质基因与核基因互作而产生的雄性不育系。

A. 不育机制。若胞质内存在不育基因S，而在相应的细胞核内又具有1对纯合隐性不育基因rfrf，则这种具有S（rfrf）基因型的植株就表现为雄性不育。但若核内为纯合或杂合的显性恢复基因即RfRf或Rfrf所代替，胞质S基因的作用便受到抑制而使植株表现为可育。如果胞质内存在着可育基因N，则不论核基因是否可育，其植株全都表现可育。可见对这类不育性起主导作用的是胞质基因。胞质基因S可能来自突变，也可通过核置换将栽培品种的核通过多次回交法导入远缘的属、种、亚种以及地理远缘品种的胞质中，利用核质间不协调而产生雄性不育性。如水稻野败型、高粱迈罗型、玉米T型和C型、小麦提莫菲维型和拟斯卑尔脱型等雄性不育系都属于这一类。

B. 利用。质、核互作雄性不育系的优点是易于三系配套。基因型为N（rfrf）的一般栽培品种都可成为保持系，而基因型为S（RfRf）或N（RfRf）的栽培品种或杂交选系可成为恢复系。1970年中国在海南岛崖县发现野败型水稻不育株，经选用栽培稻品种连续回交数代，育成了野败型不育系，上述轮回亲本便分别成为相应的保持系。此后又经测交筛选，发现IR24等引入品种对野败型不育系具有很强的恢复力。此外，还用杂交导入恢复基因等方法选育出一批优良恢复系。

质、核互作不育系在生产利用上比较简便，只要设置两个隔离区，即不育系繁殖区和制种隔离区，就可以生产大量杂交种。现已广泛应用于水稻、高粱、玉米、甜菜、洋葱等作物，收到了很大经济效益。但也发现某些不育胞质会带来一些不利影响。例如，玉米T型不育胞质是小斑病菌T小种专化侵染的对象，美国一度因此受到较大的经济损失；T型不育胞质使小麦杂交当代种子皱瘪和发芽率降低等。但随着育种研究的进展，这些缺点正在得到克服。质、核互作不育系作为杂种优势利用的有效手段正在日益发挥着重要的作用。

（2）雄性不育保持系（B）

当作为父本与不育系杂交时，能使F_1保持雄性不育性的植物品系，称为雄性不育保持系。保持系的遗传组成为N（rfrf），不育系的遗传组成为S（rfrf），它们杂交后所产生的F_1仍然是不育的，即S（rfrf）（♀）×N（rfrf）（♂）→S（rfrf）（F_1）（不育）。为此，保持系的细胞核必须具有与不育系一样的纯合不育基因，即rfrf，而细胞质则具有能育基因N。这样，保持系的雄性器官仍能正常发育并自交结实，又能作为父本与不育系杂交，使不育系的雄性不育性不断遗传下去，所以保持系是不育系赖以传代的必不可少的父本品系。

（3）雄性不育恢复系（R）

雄性不育恢复系指某一品系与不育系杂交后可使子代恢复雄性可育特征。

大田中使用的杂交种应当是雄性可育的，否则就不能够自交结实。那么，用什么品种与雄性不育系杂交才能产生雄性可育的杂交种呢？用基因型为 N（RR）的品种作父本，与基因型为 S（rr）的雄性不育系杂交，才能使后代恢复可育性。这种能够使雄性不育系的后代恢复可育性的品种，叫作雄性不育恢复系（简称恢复系）。用这样的种子在田间大面积播种，长成的植株既可以通过传粉而结实，又可以在各方面表现出较强的优势。在杂交育种中，雄性不育系、雄性不育保持系和雄性不育恢复系必须配套使用。这就是人们常说的三系配套。

（4）三系配套

三系配套指配制一个优良杂交种所需要的特定的三个系，包括不育系、保持系和恢复系，如图 1－5 所示，它们必须配套才能使用，缺一不可。

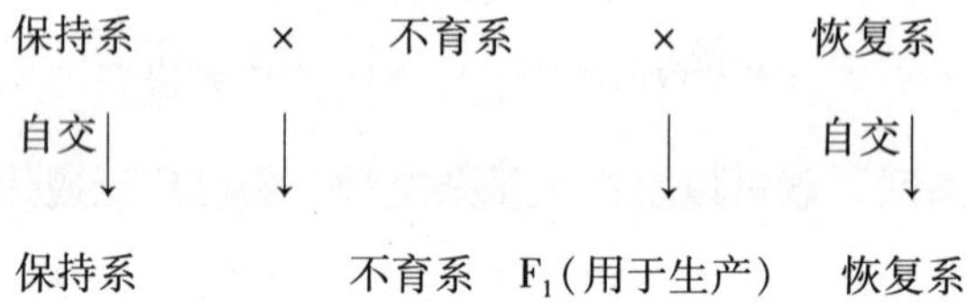

图 1－5　三系配套

1.7　分子育种

1.7.1　分子育种简介

在作物新品种的选育过程中，选择是最重要的环节之一。

所谓的选择，是指在一个育种群体中选择符合育种目标的基因型。传统的个体选择是针对符合育种目标的农艺性状进行的直接选择，即选择的是个体的表现型而不是基因型，一般来说，这种方法对质量性状的选择是有效的，但其缺陷是选择的时间长，成本高，对显性基因控制的性状很难选到基因型纯合的个体。对于数量性状的选择，由于存在一因多效、多因一效、调控基因以及修饰基因等的作用，所以个体的表现型与基因型之间存在很大的偏差，因而通过田间表现型性状进行个体选择的准确性较差。另一种选择方法则是采用形态标记，即选择与育种目标紧密连锁的另一农艺性状，从而对符合育种目标的农艺性状进行间接选择。

由于许多形态标记本身常常是一种有害的性状或与其他有害性状相连锁，而且形态标记的数量较少，所以这种间接的选择方法应用并不广泛。1983 年，汤斯勒等将同工酶标记应用于个体选择，认为同工酶分析手段简单，可以应用于大群体的遗传分析，但由于同工酶是基因的产物，经过一系列的加工过程，受到植物生长发育阶段的影响，以及带有一定的组织特异性，标记数量有限等缺陷，所以利用同工酶标记也不能满足个体选择的要求。

随着现代分子生物学的发展，现代生物技术为作物育种提供了强有力的工具，分子标记辅助选择技术就是其中重要的一项技术手段，不仅弥补了作物育种中传统的选择技术准确率低的缺点，而且加快了育种进程，为广大的育种专家所采用。

1.7.2 分子标记辅助选择技术的基本原理及特点

分子标记辅助选择（MAS）是将分子标记应用于作物品种改良过程中进行选择的一种辅助手段。其基本原理是利用与目标基因紧密连锁或表现共分离关系的分子标记对选择个体进行目标区域以及全基因组筛选，从而减少连锁累赘，获得期望的个体，达到提高育种效率的目的。

与表现型性状和同工酶标记进行个体选择相比，分子标记辅助选择具有以下特点：

1）直接反映 DNA 的序列差异，不受基因表达的影响，结果的可靠性强。

2）标记位点丰富，遍布于整个染色体组。

3）许多标记是共显性标记，不受杂交方式的影响。

4）不受植物的生长发育阶段和环境条件的影响，加快了育种进程。

5）标记形式多样，主要有 RFLP 标记、RAPD 标记、AFLP 标记、SSR 标记、

SCAR 标记以及 STS 标记等。

正是由于分子标记具有传统的标记所不具有的优点，所以在植物新品种的选育中得到了广泛的应用。

1.7.3 分子标记辅助选择的基本策略

分子标记辅助选择的应用必须具备两个基本条件：

1）与目标基因（控制质量性状或数量性状）紧密连锁的分子标记，标记基因座位与目标基因座位之间的遗传距离决定了分子标记辅助选择的准确率，遗传距离越小准确率越高。

2）检测手段自动化。由于分子标记辅助选择研究的对象是大规模的育种群体，因而要求检测过程简单、成本低、自动化程度高。

由于 RFLP 标记的实用性低于 AFLP 标记，SCAR 标记的发展不仅增强了 PCR 的稳定性，且在严谨的退火温度下进行 PCR 只能扩增出一条特异带时，可以通过检测 PCR 产物浓度或用溴化乙啶染色等途径来判断扩增片段的有无，不必进行琼脂糖凝胶电泳，从而使得 SCAR 标记更易于进行自动化和大规模的筛选，更加适合于分子标记辅助选择。

基于上述条件，提出了一整套的应用分子标记辅助选择育种程序：

第一步，目标基因的精确定位，要求目标基因两侧各有一个与其紧密连锁的分子标记，并且目标基因座位与分子标记座位之间的遗传距离小于 5 厘摩。

第二步，将 RFLP 分子标记转换为 PCR 为基础的分子标记，增强检测手段的自动化程度。

第三步，采用 SCAR、STS 等基于 PCR 扩增的途径检测亲本间的多态性。

第四步，应用 SCAR、STS 等标记针对育种群体进行分子标记辅助选择。

1.7.4 分子标记辅助选择在作物育种上的应用

由于作物新品种选育中涉及质量性状及数量性状等两个方面，从而分子标记辅助选择在作物育种上的应用主要包括如下几个方面。

（1）分子标记辅助选择在回交育种中的应用

回交是指以具有许多优良性状而个别性状欠缺的待改良品种为轮回亲本，以具有轮回亲本欠缺的优良性状的品种为非轮回亲本，两者的杂交后代又与轮回亲本进行系列的回交和选择，在回交结束时还需要 1～2 次的自交，以便使基因纯合，形成具有轮回亲本一系列的优良性状而少数欠缺性状得到改进的新品种的选育方式。回交选育方法适宜于对带有个别不良性状的品种改良，分子标记辅助选择应用于回交育种可以提高选择效率，加快育种进程。

1）快速有效地选择出带有目标基因的单株。分子标记辅助选择利用与目标基因紧密连锁的分子标记对是否带有目标基因的单株进行选择，大大加快了育种进程。主要表现在：

A. 分子标记辅助选择不受环境条件及植株生长发育阶段的影响，因而在植株的苗期或低世代就可进行选择。

B. 当目标基因为隐性基因时，利用呈现共显性遗传的分子标记可直接对其进行选择，无需进行测交或自交的检验。

C. 如果目标性状不能在当代进行选择，例如玉米的淀粉含量等，采用分子标记辅助选择可直接在当代确定目标基因是否存在，而无需进行后代的品质检验。汉逊等利用 4 个 RAPD 标记，在 10 个 BC_1F_2 家系的 4 605 个单株中快速选出了 CMS 恢复位点纯合的 906 个单株。此法大大节省了测交的工作量及时间，充分展现了分子标记辅助选择的优越性。

2）快速选出以轮回亲本基因组为遗传背景的单株。在回交育种中，非轮回亲本为轮回亲本导入优良性状的同时也带来了与之连锁的不良基因，这种连锁累赘现象常常使得经过改良的新品种与最初的育种目标不一致。因而在回交育种中不仅要考虑优良性状的导入，还必须考虑保持其整个基因组的遗传背景基本不变。

孟金陵等认为，通过分子标记辅助选择技术，借助于饱和的分子标记连锁图，对各选择单株进行整个基因组的组成分析，进而可以选出带有多个目标性状而且遗传背景良好的理想个体。汤斯勒等通过计算机模拟分析，结果表明，如果从每个回交世代含有目标基因的 30 个单株中，通过分子标记辅助选择出1 株带有轮回亲本基因组比率最高的个体作为下一次回交的亲本，则完全恢复到轮回亲本基因组的基因型只需3代。在传统的育种方法中，要达到99%的轮回亲本比率则需要（6.5±1.7）代。

3）可以有效地选择目标基因附近发生重组交换的个体。在回交育种中，连锁累赘现象是影响回交育种的一个主要限制因素。传统的解决方法是通过扩大选择群体或增加回交次数来解决。斯塔尔等研究表明，即使回交20代后，还能发现相当大的与目标基因连锁的供体染色体片段，而在大多数植物基因组中10厘摩的DNA序列足够包含数百个基因。通过分子标记辅助选择可以快速减轻连锁累赘。汤斯勒等研究表明，用位于目标基因两侧1厘摩的两个分子标记进行辅助选择，通过两个世代就可获得含目标基因长度不大于2厘摩的个体。这样的结果采用传统的育种方法则需要100代才能达到。因此，分子标记辅助选择可以对目标基因附近发生了重组的个体进行鉴定。

（2）分子标记辅助选择在基因聚合中的应用

基因聚合是将多个有利基因通过选育途径聚合到一个品种中，这些基因可以控制相同的性状也可控制不同的性状，基因聚合突破了回交育种改良个别性状的局限，使品种在多个性状上同时得到改良，产生更具有实用价值的育种材料。基因聚合常在抗性育种中得到应用，育种专家将多个控制垂直抗性的基因聚合在同一个品种中可以提高作物抗病的持久性。在传统的抗病性检测中，通过接种鉴定不仅程序复杂，而且常常影响植株的生长发育，而且一些抗性基因很难找到相应的鉴定小种。采用与抗性基因紧密连锁的分子标记或相应基因的特异引物进行分子标记辅助选择，可加速抗源筛选和抗性基因的鉴定，提高育种选择效率，缩短育种周期。

（3）分子标记辅助选择在数量性状改良中的应用

作物中大部分的农艺性状是由多基因控制的数量性状，在这样一个多基因体系中，每个基因对目标性状只表现微效作用，没有明显的显性，而且表现型受环境条件影响很大。因而采用传统的育种方式对这些性状进行选择有很大的难度。

分子标记辅助选择为数量性状改良提供了新的研究思路。帕特逊等认为高密度分子遗传图谱的建立，使覆盖全基因组的分子标记将控制数量性状的微效多基因分解成孟德尔遗传因子，并定位到分子标记所在的染色体上，进而按照经典的遗传模式进行研究。这就使得利用与 QTL 紧密连锁的分子标记对这些 QTL 进行转移以达到对这些数量性状的改良成为可能。但是由于数量性状遗传的复杂性，与由单基因或寡基因控制的质量性状相比，采用分子标记辅助选择对数量性状的改良仍存在以下问题：

1）QTL 与环境之间的互作降低了对数量性状基因定位的准确性。

2）由于单个 QTL 呈微效作用，所以必须同时操作多个 QTL 才能使性状发生显著改变。

3）QTL 之间存在互作关系，使得对 QTL 的效应估计发生偏差。

4）在对 QTL 进行转移时，如果没有转移互作 QTL，则不会达到预期的效果。

岚德等研究了分子标记辅助选择在数量性状上的实用性，结果表明分子标记辅助选择可以大大提高选择的效率，另有一些研究人员也得到了相似的研究结果。

分子标记辅助选择技术是现代生物技术在作物遗传改良领域中应用的一个重要方面。实践证明，分子标记辅助选择为传统的育种提供了一种有力的辅助手段。我国利用分子标记辅助选择进行新品种选育工作已取得可喜的进展。

例如，刘金元等利用 RLFP 标记对小麦白粉病基因 Pm2 和 Pm4a 进行了标记辅助选择。薛庆中等应用分子标记辅助选择培育出了抗白叶枯病水稻恢复系并筛选出抗病杂交稻新组合协优 T71、协优 T81 和汕优 8548。王心宇等利用与 Pm2、Pm4a、Pm8、Pm21 紧密连锁或共分离的 RFLP 标记和 PCR 标记（SCAR 标记），对含有这些基因的优良品系间配置的杂交组合的 F_2 代进行了分子标记辅助选择育种，并结合抗性鉴定，筛选到 14 株 Pm4a + Pm21 的植株，16 株 Pro2 + Pm4a 的植株，6 株 Pm8 + Pm21 的植株。

同时，分子标记辅助选择育种育成品系或品种的报道较少，究其原因：

一是标记鉴定与辅助选择育种两个重要环节脱节。在选材上只考虑标记的可行性，而没有从直接培育新的优良品系或品种目标去选择起始亲本。

二是标记的鉴定技术有待进一步提高。尽管标记辅助选择育种在技术上是成熟的，但仍然是耗资费力的过程，对于数量性状的鉴定，无法精确定位。

三是标记辅助选择技术体系还有一定的局限性。主要表现在：

1）还需进一步构建更为饱和的分子标记连锁图谱。

2）还需进一步研究表现型与基因型之间的关系。

3）还需进一步对于控制数量性状的数量基因进行精确定位。

4）还需进一步探索自动化程度高，价格低廉的新的分子标记。

近年利用分子标记辅助选择育种取得很大的进展，随着标记技术辅助育种和计算机分析软件等的自动化、规模化，我们相信 DNA 分子标记辅助选择育种一定会在不久的将来为育种工作做出贡献。

1.7.5 分子育种现状与展望

分子辅助育种技术是在水稻、小麦、玉米、大豆、油菜等重要作物上，通过利用与目标性状紧密连锁的 DNA 分子标记对目标性状进行间接选择，以在早代就能够对目标基因的转移进行准确、稳定的选择，克服隐性基因再度利用时识别的困难，从而加速育种进程，提高育种效率，选育抗病虫、优质、高产的品种。分子辅助育种是农作物育种的一个趋势，但其不能代替传统育种技术，而是更好地辅助传统育种，相当于给传统育种加上了一双“眼睛”，更有目的、有方向的进行品种选育，最终实现品种设计育种理念的新突破。

（1）现代分子育种技术发展的战略背景分析

经过近 20 年的发展，分子辅助育种技术已经逐渐成为引导全球作物育种革新的关键技术。从全球分子育种技术发展的水平来看，依然是美国和西方国家处于先进领导地位，一些分子标记辅助选择的关键技术和应用体系都掌握在少数几个跨国公司如孟山都、先锋手里。

我国的农作物分子育种的研究虽起步稍晚，但在过去的十几年时间里，取得了重要的研究进展，如：

1）许多作物的全基因组序列得以测序完成。

2）一些作物如水稻的功能基因研究取得重大进展，相继克隆了一批控制重要农艺性状的基因用于 MAS。

3）针对各种作物所有性状的 QTL 定位研究越加深入。

4）一些关于抗病虫害、品质和产量等重要性状的 MAS 体系已经建立并应用于育种。

5）转基因育种和前基因组分子标记选择育种也逐渐发展成型并初具规模。在充分发挥作物的常规育种的优势上，育种者一定要注意有机整合分子标记技术，建立重要性状的 MAS 体系，努力攻克作物育种上增强抗病虫害能力、改良品质和提高产量的诸多难题。

（2）世界作物育种前沿技术发展现状与方向分析

作物育种中，利用易于鉴定的遗传标记特别是分子标记进行辅助选择是提高选择效率和降低育种盲目性的常用手段。MAS 经过近 20 多年的发展，其相对于常规育种无可比拟的优越性必将对作物育种产生深远的影响并最终改变整个育种模式。MAS 在作物育种中的应用主要有 3 个方面，分别是育种材料的评估和鉴定、基因聚合和回交育种及早期选择。

1）育种材料的评估和鉴定。MAS 在品种（品系）纯度的鉴定、真假杂种的鉴定、种植资源遗传多样性以及亲本选择的评估、杂种优势的研究和育种材料的遗传背景的分析上都有迅速、简洁、高效的特点。

2）基因聚合。分子标记辅助选择的最大优点就是将多个基因聚合，使作物的性状得到迅速改良。基因聚合研究以抗病虫的基因居多，特别是抗稻瘟病、白叶枯病和抗褐飞虱的基因，将抗同一病害的不同基因聚合到同一品种中，可以增强该品种对这一病害的抗谱，获得持久抗性。

3）回交育种和早期选择。回交育种因其能快速导入供体的少数几个优良基因且能保持受体的其他优良特性，在过去的 100 多年中已经成为一种最常用的育种方法。基于 MAS 的回交育种（MAB）更是将分子标记与回交育种相结合，通过前景选择、重组选择和背景选择 3 个步骤迅速得到含有目的基因的近等基因系（NILs）、导入系（ILs）以及重叠导入系（CSSLs），对于进一步分析基因的效应甚至克隆该基因起到了至关重要的作用。MAS 还可广泛应用于育种过程中早期世代的选择，有效选择目标单株而排除非目标单株，为后代选择提供便利。

4）MAS 的局限性和亟待解决的问题。MAS 虽然被育种家普遍认为将是 21

世纪最有潜力的育种辅助技术，但是其在现阶段育种上的应用也极为有限。这主要包括以下几个方面的原因：分子标记技术的发展滞后于育种技术的发展、有关MAS的研究成果相对较少或极少被发表、一些QTL作图精确度和可靠性不高、遗传背景的影响以及QTL与环境互作的影响。

5）分子设计育种技术（MDB）。分子设计育种技术是近几年来随着分子标记的发展以及高密度分子图谱的构建、测序技术以及作物功能基因组学的飞速发展和生物信息学和相关软件的开发利用，而建立起来的一种基于MAS的涉及控制某种作物的所有重要农艺性状的基因的等位变异。显然，MDB是整合了高密度的分子图谱、高精度的基因型以及极广泛的表型的一种更为理想的分子育种技术。一般开展MDB需经过三个步骤，即

A. 对所有相关的农艺性状进行QTL组图并找出与之紧密连锁的分子标记。

B. 对这些QTL的效应进行综合评估，包括QTL位置、加性、上位性以及与环境互作的效应。

C. 对目标基因型进行分析并最终确定MDB育种方案。

6）我国在分子育种领域的发展及展望。10年来，我国自主完成了水稻及多种作物的基因组测序，具备建立全基因组选择育种的信息基础，但开展基因组选择育种技术的SNP芯片还未能建立和完善，利用高通量测序技术获得的大量水稻品种重测序结果，结合世界上最先进的分子标记检测技术和我国水稻基因组研究成果，将传统育种技术、分子标记辅助选择技术和全基因组选择育种技术有机结合起来，有利于促进我国育种行业的转型，即从传统的、个性化的、艺术性的育种，逐渐转变成现代化的、以基因组信息为依据的、有高度预见性的科学育种，从而提高我国种业创新能力以及与国际种业巨头竞争的实力。

作物育种始于植物引种与驯化，其基础在于创造遗传变异。纯系学说认为，纯系内个体差异由环境影响造成，故纯系内选择无效。杂交育种的杂交可以使双亲的基因重新组合，形成各种不同的类型，为选择提供丰富的材料。诱变育种是继选择育种和杂交育种之后发展起来的一项现代育种技术。但其存在的主要问题是有益突变频率仍然较低，变异的方向和性质尚难控制。杂种优势是指杂种一代

往往比它的双亲表现更强大的生长速率和代谢功能，从而导致器官发达、体型增大、产量提高、抗性增强等，这是生物界普遍存在的现象。分子标记辅助育种是育种的一个趋势，能使育种工作更有目的性和方向性，最终实现品种设计理念的新突破，但其不能代替传统育种技术。

2 土壤肥力与化肥的发展

土壤肥力是土壤为植物生长提供和协调营养条件和环境条件的能力，是土壤物理、化学、生物化学和物理化学特性的综合表现，也是土壤不同于母质的本质特性，包括自然肥力、人工肥力和二者相结合形成的经济肥力。自然肥力是在土壤母质、气候、生物、地形等自然因素的作用下形成的土壤肥力，是土壤的物理、化学和生物特征的综合表现，是自然再生产过程的产物，是土地生产力的基础，它能自发地生长天然植被。人工肥力是指通过人类生产活动，如耕作、施肥、灌溉、土壤改良等人为因素作用形成的土壤肥力。土壤的自然肥力与人工肥力结合形成经济肥力，才能用以为人类生产出充裕的农产品。化肥是化学肥料的简称，用化学和（或）物理方法人工制成的含有一种或几种农作物生长需要的营养元素的肥料。

2.1 古代对土壤肥力的认识与农田施肥

在漫长的人类发展过程中，人们在采集和渔猎野生动物、植物来获取食物的基础上，积累了丰富的植物知识，为原始人类驯化植物创造了条件，原始种植业应运而生。由于栽培植物的出现，加深了人们对植物与土壤关系的认识，“万物土中生”，土壤提供了植物生长所需的水、肥、气、热和赖以生存的环境条件，并通过粪肥改土，维持、平衡和提高土壤肥力，以满足作物的生长需要。

2.1.1 中国古代对土壤肥力的认识

长期以来，我国劳动人民在农业生产活动中，积累了丰富的认土、评土、用土、改土和对肥料积造、保护与施用的经验。

早在夏朝以前，人们就意识到未开垦的处女地一般较肥沃，再加上杂草、荆棘、小树等烧后的草木灰，土壤就更肥了。所以，一旦地力衰退现象出现，他们就放弃旧地，另选新地。

夏、商、西周前后，农业生产开始出现了人工干预，人们回到“撂荒”地上生产，人们体会到土壤经过一段时期休闲之后，仍然可以照常生产。而且还逐步发现，在地里施入某些物质（灰、粪之类）之后，可以不必通过休闲阶段，就能在原地上连续种植下去。

春秋、战国时期，铁制农具出现，使黄河流域发展迅速，并出现了灌溉农业，可以做到深耕、多耕、多锄，及时因地生产，重视粪灌，生产力明显提高。《荀子·富国》云，“田瘠以秽则出实不丰”“多粪肥田”“积力于田畴，必且粪灌”，明确提出了多施肥才能使作物高产。这是因为作物生长需要大量的矿物质元素，施肥才能保证作物的茁壮成长与丰产。《周礼·地官·草人》载：“掌土化之法，以物地，相其宜而为之种。”所谓土化之法，依据郑玄注释，就是“化之使美”，即用粪肥改良土壤的意思，增加土壤所需要的有机质。篇中还记载了具体的土化方法：“凡粪种，骍刚用牛，赤缇用羊，坟壤用麋，渴泽用鹿，咸舄用貆，勃壤用狐，埴垆用豕……”虽然某些土化之法未必适宜可行，但它反映人们已经开始按照农业生产的需要，试图通过施用粪肥对不利稼穑的土壤加以改良，以求通过人工干预，改善土壤营养结构，促进作物生长。

秦、汉、魏、晋、南北朝时期，出现了西汉的《氾胜之书》、东汉的《四民月令》和后魏的《齐民要术》等农书，其中贾思勰撰写的《齐民要术》更是讲述了“踏粪法”。

隋、唐、五代、宋、元、明、清以来，对于农业生产的技术措施，则有了更明确的分类和更详细的归纳总结，出现了诸如《四时纂要》《耒耜经》《陈旉农书》《农政全书》、沈氏《农书》、张氏《补农书》以及《农桑经》《马首农言》《农言著实》《山居琐言》《农说》《知本提纲》等一大批农书。明朝的《宝坻劝农书》更是全面地讲述了蒸粪法、煨粪法、酿粪法、窖粪法等有机肥料制造方式。我国劳动人民对土壤肥料学乃至大农学的实践思想、理论的发展做出了伟大贡献。

2.1.2 国外古代对土壤肥力的认识

公元前2500年前的文字记载中就提到了土地的肥力。狄奥弗拉斯塔在大约公元前300年时提到底格里斯肥沃的冲积层，并提出把水尽可能长久地留在田间以沉淀更多的淤泥。

后来人们逐渐认识到，在某些土壤上连续种植一种作物不能获得好收成。给土壤施用动物和植物性粪肥以恢复地力的措施可能源于这些经验。但具体到施肥措施始于何时，是怎样开始的，却没有记载。希腊神话提供了一个形象的说明：传说中伊利斯国王奥吉亚斯以其养有3 000头牛的牛圈著称，牛圈已有30年未清扫。奥吉亚斯王与赫克里斯订下契约，只要他扫清牛圈就给他该牛群的10%作为酬劳。据说赫克里斯引阿尔菲乌斯河水流过牛圈，把积存多年的污秽一冲而光，沉积在附近的田地，完成了任务。

狄奥弗拉斯塔按肥料应用价值递减的顺序排列如下：人粪、猪粪、山羊粪、绵羊粪、母牛粪、公牛粪和马粪。之后，早期罗马农业作家瓦罗也列出一个相近的顺序，只是将鸟粪和禽粪划为比人粪更高的等级。哥伦梅拉建议给牛喂饲蜗牛苜蓿，因为他觉得这会使牛粪更肥。

19世纪中叶，以德国化学家李比希为代表的农业化学派，从化学的观点来研究土壤与植物营养，提出了“植物矿质营养学说”，认为植物的营养主要依赖于土壤的矿质成分以及有机质分解后产生的矿物质，只有不断地向土壤归还和供给矿质养分，才能维持土壤肥力。在当时，这种观点推翻了由泰伊尔提出的植物靠吸收腐殖质而生长的错误腐殖质学说，不仅推动了土壤植物营养科学的发展，而且使得化肥工业迅速发展。从此，化肥在全世界得到了广泛应用，农作物产量大幅提高。然而，李比希的学说片面地认为土壤是单纯的养分储藏库，矿质养分是土壤肥力的唯一因素，只要施用矿质肥料把植物吸收的矿质养分归还土壤，就能保持土壤肥力，从根本上抛弃了有机肥的施用及各种生物因素在提高土壤肥力方面的重要作用。

2.2 有机肥及其施用

2.2.1 有机肥的种类

有机肥俗称农家肥，包括以各种动物、植物残体或代谢物组成，如人畜粪便、秸秆、动物残体、屠宰场废弃物等。主要种类有：

1）堆肥。各类秸秆、落叶、青草、动植物残体、人畜粪便为原料，按比例相互混合或与少量泥土混合进行好氧发酵腐熟而成的一种肥料。

2）沤肥。沤肥所用原料与堆肥基本相同，只是在淹水条件下进行发酵而成。

3）厩肥。指猪、牛、马、羊、鸡、鸭等畜禽的粪尿与秸秆垫料堆沤制成的肥料。

4）沼气肥。在密封的沼气池中，有机物腐解产生沼气后的副产物，包括沼气液和残渣。

5）绿肥。利用栽培或野生的绿色植物体作肥料。如豆科的绿豆、蚕豆、草木樨、田菁、苜蓿、苕子等。非豆科绿肥有黑麦草、肥田萝卜、小葵子、满江红、水葫芦、水花生等。

6）作物秸秆。农作物秸秆是重要的肥料品种之一，作物秸秆含有作物所必需的营养元素有氮（N）、磷（P）、钾（K）、钙（Ca）、硫（S）等。

7）饼肥。菜籽饼、棉籽饼、豆饼、芝麻饼、蓖麻饼、茶籽饼等。

8）泥肥。未经污染的河泥、塘泥、沟泥、港泥、湖泥等。

2.2.2 腐烂秸秆的施用

秸秆腐烂是各种作物秸秆与人畜粪尿或秸秆腐烂剂共同堆积腐熟的过程。秸秆腐烂能迅速将秸秆堆料中的碳、氮、磷、钾、硫等分解矿化，形成简单有机物，从而进一步分解为作物可吸收的营养成分。

（1）施用腐烂秸秆的好处

1）补充土壤养分。作物秸秆含有一定养分和纤维素、半纤维素、木质素、蛋白质和灰分元素，既有较多有机质，又有氮、磷、钾等营养元素。如果把秸秆从田间运走，那么残留在土壤中的有机物仅有10%左右，造成土壤肥力下降，通过施肥或秸秆还田等途径得以补充。

2）促进微生物活动。土壤微生物在整个农业生态系统中具有分解土壤有机质和净化土壤的重要作用。秸秆还田给土壤微生物增添了大量能源物质，各类微生物数量和酶活性也相应增加。实行秸秆还田可增加微生物18.9%，接触酶活性可增加33%，转化酶活性可增加47%，尿酶活性可增加17%。这就加速了对有机物质的分解和矿物质养分的转化，使土壤中的氮、磷、钾等元素增加，土壤养分的有效性也有所提高。经微生物分解转化后产生的纤维素、木质素、多糖和腐殖酸等黑色胶体物，具有黏结土粒的能力，同黏土矿物形成有机与无机的复合体，促进土壤形成团粒结构，使土壤容量减轻，增加土壤中水、肥、气、热的协调能力，提高土壤保水、保肥、供肥能力，改善土壤理化性状。

3）减少化肥使用量。农业发达国家注重施肥结构，如美国农业化肥的施用量一直控制在总施肥量的1/3以内，加拿大、美国大部分玉米、小麦的秸秆都还田。作物所吸收的氮主要来自土壤中的原有氮素。来自化肥的仅占23%～24%。这说明即使施用化肥，土壤有机物对作物生长仍是最重要的。所以，秸秆还田是弥补化肥长期使用缺陷的好办法。

4）可改善农业生态环境。近年农村仍有少量的秸秆采取燃烧处理，造成污染空气、影响交通、土壤表层焦化等，有时还引起火灾。另外，秸秆随意处置还会影响农业生态环境。所以秸秆还田有利于实现农业废弃物的综合利用，改善农业生态环境，维护农业可持续发展。

5）可杀灭秸秆中的病虫。秸秆腐烂过程中的堆温较高，能杀灭秸秆中的病菌、虫卵及杂草种子，减轻病虫草害的发生基数。秸秆腐熟剂中的高效有益微生物，能在堆制过程中和施入土壤后大量繁殖，抑制杀灭土壤中的致病真菌，减轻作物病害。

（2）施用腐烂秸秆应注意的事项

1）秸秆肥一般用作基肥，可潮湿施用。作为基肥时一般在翻土整地时施入，使其在土壤中继续分解并释放养分，供作物吸收利用。一般亩施2 000～2 500千克。

2）半腐熟的肥料施用于生长期较长的作物，腐熟度高的秸秆肥施用于生长期较短的瓜果蔬菜等作物，沙性地用半腐熟的肥料，黏土地最好施用腐熟度高的肥料。

2.2.3 绿肥种植与利用

（1）绿肥的种类

绿肥是指直接翻埋或堆沤后作为肥料施用的绿色植物体的统称。绿肥的种类很多，根据分类原则不同，有下列各种类型的绿肥：

1）按绿肥来源可分为：

A. 栽培绿肥，指人工栽培的绿作物。

B. 野生绿肥，指非人工栽培的野生植物，如杂草、树叶、鲜嫩灌木等。

2）按植物学科可分为：

A. 豆科绿肥，其根部有根瘤，根瘤菌有固定空气中氮素的作用，如紫云英、苕子、豌豆、豇豆等。

B. 非豆科绿肥，指一切没有根瘤的，本身不能固定空气中氮素的植物，如油菜、茹菜、金光菊等。

3）按生长季节可分为：

A. 冬季绿肥，指秋冬播种，第二年春夏收割的绿肥，如紫云英、苕子、茹菜、蚕豆等。

B. 夏季绿肥，指春夏播种，夏秋收割的绿肥，如田菁、柽麻、竹豆、猪屎豆等。

4）按生长期长短可分为：

A. 一年生或越年生绿肥，是指一年或两年内能完成生活史的绿肥。如柽麻、竹豆、豇豆、苕子等。

B. 多年生绿肥，是指生活史超过两年以上的绿肥。如山毛豆、木豆、银合欢等。

C. 短期绿肥，指生长期很短的绿肥，如绿豆、黄豆等。

5）按生态环境可分为：

A. 水生绿肥，是指生长在河、湖、沟、塘、水田、湿地等场所，用作肥料的植物。如水花生、水戎芦、水浮莲和绿萍。

B. 旱生绿肥，指一切旱地野生或栽培的绿肥。

C. 稻底绿肥，指在水稻未收前种下的绿肥，如稻底紫云英、苕子等。

（2）绿肥的种植方式

1）单作绿肥。即在同一耕地上仅种植一种绿肥作物，而不同时种植其他作物。如在开荒地上先种一季或一年绿肥作物，以便增加土壤有机质，以利于后茬作物。

2）间种绿肥。在同一块地上，同一季节内将绿肥作物与其他作物相间种植。如在玉米行间种竹豆、黄豆，甘蔗行间种绿豆、豇豆，小麦行间种紫云英等。间种绿肥可以充分利用地力，做到用地养地，如果是间种豆科绿肥，可以增加主作物的氮素营养，减少杂草和病害。

3）套种绿肥。在主作物播种前或在收获前在其行间播种绿肥。如在晚稻乳熟期播种紫云英或苕子，麦田套种草木樨等。套种除有间种的作用外，可使绿肥充分利用生长季节，延长生长时间，提高绿肥产量。

4）混种绿肥。在同一块地里，同时混合播种两种以上的绿肥作物，例如紫云英与肥田萝卜混播，紫云英或苕子与油菜混播等。群众说："种子掺一掺，产量翻一番。"豆科绿肥与非豆科绿肥，蔓生与直立绿肥混种，使互相间能调节养分，蔓生茎可攀缘直立绿肥，使田间通风透光。所以混种产量较高，改良土壤效果较好。

5）插种或复种绿肥。在作物收获后，利用短暂的空余生长季节种植一次短期绿肥作物，以供下季作物作基肥。一般是选用生长期短、生长迅速的绿肥品种，如绿豆、乌豇豆、柽麻、绿萍等。这方式的好处在于能充分利用土地及生长季节，方便管理，多收一季绿肥，解决下季作物的肥料来源。

（3）种植绿肥应注意的事项

1）选择绿肥品种应注意其特性。首先要注意绿肥作物的生长期和抗逆能力，以及对土壤条件的要求。例如，大多数苕子品种只适合在长江以南种植，但光叶紫花苕子却可种到淮河以北地区，并且生长良好。豆科绿肥作物的根瘤菌适宜在中性左右的酸碱度环境下生长活动，当土壤 pH 值在 4.0 ~4.4 时，紫云英根部的根瘤菌就会死亡。又如紫云英喜欢湿润而不积水的土壤，它的耐旱、耐低温的能力较差。许多绿肥作物怕涝，但田菁耐涝性强，而且耐盐性也很强。

2）要开好排灌沟。多数绿肥作物怕涝。群众深有体会地说：“种绿肥不怕不得收，只怕懒人不开沟。”一般要做到水多时能排，干旱时能灌。

3）注意适时播种。适时播种，不仅产量高，品质也好。但因各地气候条件不同，播种具体日期应根据立地条件和绿肥作物的特性来决定，最可靠的办法是通过对比试验，选择最好的播种期。华南地区，夏季绿肥宜在 3 月下旬至 4 月上旬播种，冬季绿肥宜在 10 月播种。

4）种绿肥作物也要施一定的肥料。有人认为绿肥作物适应性强，不需施肥，本身作肥料还要施肥没必要，这种看法是不科学的。虽然绿肥作物吸收养分的能力较强，但它也是作物，生长发育仍然需要一定的养分，缺肥的绿肥作物产量就不高。就以豆科绿肥作物来说，虽然它能固定空气中的氮素，但在生长初期和生长旺盛期也需要一定的氮素养分，如果此时能适当施用氮肥，就会获得良好效果；又如绿肥作物对磷素也很敏感，如土壤中有效磷含量低，会大大影响生长发育。故应适当施肥来满足绿肥作物的需要，以达到“小肥养大肥”的效果。

5）注意做好绿肥作物留种工作。种子是基础，所以要加强绿肥作物良种选育和繁殖工作。

6）豆科绿肥作物，特别是紫云英应采用根瘤菌拌种，以提高它们的根瘤生长和固氮的能力。

（4）施用绿肥应注意的事项

1）适时收割或翻压。绿肥过早翻压产量低，植株过分幼嫩，压青后分解过快，肥效短；翻压过迟，绿肥植株老化，养分多转移到种子中去了，茎叶养分含量较低，而且茎叶碳氮比大，在土壤中不易分解，降低肥效。一般豆科绿肥植株适宜的翻压时间为盛花至谢花期；禾本科绿肥植株最好在抽穗期翻压，十字花科绿肥植株最好在上花下荚期。间、套种绿肥作物的翻压时期，应与后茬作物需肥规律相吻合。

2）翻压方法。先将绿肥茎叶切成 10～20 厘米长，然后撒在地面或施在沟里，随后翻耕入土壤中。一般入土 10～20 厘米深，沙质土可深些，黏质土可浅些。

3）绿肥的施用量。应视绿肥种类、气候特点、土壤肥力的情况和作物对养分的需要而定。一般亩施 1 000～1 500 千克鲜苗基本能满足作物的需要，施用量过大，可能造成作物后期贪青迟熟。

4）绿肥的综合利用。豆科绿肥的幼嫩茎叶，大多数可作为家畜良好的饲料，而其中的氮素的 1/4 被家畜吸收利用，其余 3/4 的氮素又通过粪尿排出体外，变成很好的厩肥。因此，利用绿肥先喂牲畜，再用其粪便肥田，是一举两得的经济有效的利用绿肥的好方法。

（5）绿肥的作用

1）能为土壤提供丰富的养分。各种绿肥的幼嫩茎叶，含有丰富的养分，一旦在土壤中腐解，能大量地增加土壤中的有机质和氮、磷、钾、钙、镁及各种微量元素。每千克绿肥鲜草，一般可供出氮素 6.3 千克，磷素 1.3 千克，钾素 5 千克，相当于 13.7 千克尿素，6 千克过磷酸钙和 10 千克硫酸钾。绿肥作物的根系发达，如果地上部分产鲜草 1 000 千克，则地下根系就有 150 千克，能大量地增加土壤有机质，改善土壤结构，提高土壤肥力。豆科绿肥作物还能增加土壤中的氮素，据估计，豆科绿肥中的氮有 2/3 是从空气中来的。

2）能使土壤中难溶性养分转化，以利于作物的吸收利用。绿肥作物在生长过程中的分泌物和翻压后分解产生的有机酸能使土壤中难溶性的磷、钾转化为作物能利用的有效性磷、钾。

3）改善土壤的物理化学性状。绿肥翻入土壤后，在微生物的作用下，不断地分解，除释放出大量有效养分外，还形成腐殖质。腐殖质与钙结合能使土壤胶结成团粒结构，有团粒结构的土壤疏松、透气，保水保肥力强，调节水、肥、气、热的性能好，有利于作物生长。

4）促进土壤微生物的活动。绿肥施入土壤后，增加了新鲜有机能源物质，使微生物迅速繁殖，活动增强，促进腐殖质的形成和养分的有效化，加速土壤熟化。

2.3 李比希的肥料技术和农业化学

2.3.1 李比希其人

李比希（1803—1873），德国著名的化学家、化学教育家，生于德国达姆施塔特一个经营药物、染料及化学试剂的小商人家庭。儿童时代，李比希随父亲制造过家庭药物和涂料，后来又当过药剂师的徒弟。少年时代的李比希对当时德国学校正规化、公式化一套的陈旧教育感到乏味，但却酷爱阅读化学书籍和动手做化学试验。1820 年秋，李比希进入波恩大学，1821 年随师转入艾尔兰根大学学习化学并于 1822 年凭《论雷酸汞的成分》这篇论文获博士学位。学业有成后，李比希在黑森大公的公费资助下到巴黎深造，经德国科学界泰斗洪堡特教授推荐在法国著名化学家、物理学家盖·吕萨克的实验室工作，后经洪堡的推荐，1824 年，李比希被任命为德国吉森大学化学教授，时年仅 21 岁，李比希在吉森度过了一生中最为辉煌的 20 多年，直到 1852 年才受聘转到慕尼黑大学。1824 年他完成了一系列雷酸化合物的研究。1824 ~ 1829 年李比希致力于化学教育方法的改革、发展和完善，创建了化学教学实验室。它是现代实验组织和教育相结合的开端，也是德国科学和工业振兴的一个坚实而又光辉的起点。1829 ~ 1839 年，李比希为奠定有机化学的基础做出了卓越贡献，主要有：研究成功简单而又精确的有机化合物分析法；通过雷酸银和苯甲酰基的研究，跟维勒一起证实了同分异构现象，提出了基因理论。1839 ~ 1852 年，李比希从纯粹有机化学转向应用有机化学，广泛地开展了化学与农业和生理学的关系的研究。发表的代表作有《化学在农业及生理学上的应用》。此外，李比希还创办了第一个化学学术定期期刊《化学年鉴》，延续至今，影响深远。

2.3.2 植物营养元素和化合物的发现

李比希用实验方法证明了植物生长需要碳酸、氨、氧化镁、磷、硝酸以及钾、钠和铁的化合物等无机物。人和动物的排泄物只有转变为碳酸、氨和硝酸等才能被植物吸收。这些观点是近代农业化学的基础。他大力提倡用无机肥料来提高收成。他还认为动物的食物不但需要一定的数量，还需要各种不同的种类，或有机物或无机物，而且须有适当的比例。他又证明糖类可生成脂肪。还提出发酵作用的原理。其代表作《化学在农业及生理学上的应用》较为系统地阐述了元素平衡理论和补偿学说。并揭示了磷酸盐、铵盐等在大田生产中的作用，此外也涉及了厩肥、人粪尿等农家有机肥料在增产中所起的作用。1845 年李比希发明了一种用硫酸处理骨粉来生产过磷酸钙的方法，另外他还研究出从生产煤气的副产品中还原氨的方法，并在另一些化学家的启示下才终于了解到应该把它做成可溶的形式，才能被植物吸收利用。李比希成功地制造出一些化肥之后，为了保证最有效地施用这些肥料，他在试验的基础上提出了“最小养分律”。这个定律在多年实践中虽然有些修正补充，但至今仍被人们用来指导农业生产，因为它提醒我们在施用肥料时应该找出各种植物所需养分之间的适正比例关系，才能够有效而又经济合理地使用它。

2.3.3 地力消耗与施肥

随着人口的不断增加，市场对农产品的需求数量也在增加，而土地资源数量却保持不变，只能依靠提高复种指数来增加农作物产量，使现有耕地不能实行休闲制，地力不能及时恢复，导致土地的承载力越来越重，土壤养料库存消耗加剧。因此，我们必须改变施肥结构，降低无机单质化肥的使用，抑制施肥不当，超量施肥，防止土壤板结造成的水土流失，提高土壤的保水、供肥、通透能力和性能；增施有机肥，使作物营养全面，培肥地力，解除土壤板结，改善土壤状况，刺激农作物生产，提高农作物的抗逆性；推广秸秆还田，充分利用资源，降低农产品生产成本；全面推行测土配方施肥技术，确定氮磷钾以及其他中微量元素的合理施肥量及施用方法，以满足作物均衡吸收各种营养，维持土壤肥力水平，减少养分流失对环境的污染，达到优质、高效、高产的目的；推行缓控释肥，减少化肥的施用量和次数，提高化肥利用率，降低成本，减少污染。

2.3.4 化肥的出现

1828 年，德国化学家维勒在世界上首次用人工方法合成了尿素。按当时化学界流行的“活力论”观点，尿素等有机物中含有某种生命力，是不可能人工合成的。维勒的研究打破了无机物与有机物之间的绝对界限。但当时人们尚未认识到尿素的肥料用途。直到50多年后，合成尿素才作为化肥投放市场。1838年，英国乡绅劳斯用硫酸处理磷矿石制成磷肥，成为世界上第一种化学肥料。1840年，德国化学家李比希出版了《化学在农业及生理学上的应用》一书，创立了植物矿物质营养学说和归还学说，彻底否定了当时盛行的“腐殖质”和“生命力”两大植物营养学说，为化肥的发明与应用奠定了理论基础。李比希还在1850年发明了钾肥。1850年前后，劳斯又发明出最早的氮肥。1909年，德国化学家哈伯与博施合作创立了“哈伯－博施”氨合成法，解决了氮肥大规模生产的技术问题。

我国使用化肥的历史始于1901年，台湾地区从日本引进了肥田粉（硫酸铵即氮肥）用在甘蔗田里，距今也有100多年的历史。

2.3.5　合理施肥思想的形成

施肥是将肥料施于土壤或植物叶片和茎秆（也叫叶面肥），以提供和提高肥力的农业技术措施。合理施肥是保证轮作周期内或全年内各种作物的均衡增产、提高作物品质、用地与养地相结合以及提高肥料经济效益的保证。人们在长期的农业生产实践中，积累了丰富的施肥经验。许多科学家通过科学试验和实践经验总结，得出一些有关施肥方面的规律性认识，如养分归还学说、最小养分律、限制因子律、报酬递减律等。这些学说、定律和规律对指导合理施肥都有重要帮助。

（1）养分归还学说

德国化学家李比希1840年提出养分归还学说。一是随作物的每次收获，必然要从土壤中带走一定量的养分，随收获次数的增加，土壤中的养分含量会越来越少。二是若不及时归还由作物从土壤中拿走的养分，不仅土壤肥力逐渐降低，而且产量也会越来越低。三是为了保持元素平衡和提高产量，应该向土壤施入肥料。

养分归还学说的中心思想是归还作物从土壤中取走的全部东西，其归还的主要方式是合理施肥。

（2）最小养分律

所谓最小养分律，是指土壤中对作物需要而言含量最小的养分。它是限制作物产量提高的主要因素，要想提高作物产量就必须施用含有最小养分的肥料。这一学说包含的内容：一是土壤中相对含量最少的养分影响着作物产量的维持与提高。二是最小养分是相对作物需要来说，土壤供应能力最差的某种养分，而不是绝对含量最少的养分。三是最小养分会随条件改变而变化。最小养分不是固定不变的，而是随施肥影响而处于动态变化之中。当土壤中的最小养分得到补充，满足作物生长对该养分的需求后，作物产量便会明显提高，原来的最小养分则让位于其他养分，后者则成为新的最小养分而限制作物产量的再提高。四是田间只有补施最小养分，才能提高产量。

最小养分律的实践意义有以下两个方面：一方面，施肥时要注意根据生产的发展不断发现和补充最小养分；另一方面，要注意不同肥料之间的合理配合。

（3）报酬递减律

施肥对产量的影响可以从两个方面来解释，一方面从施肥的年度分析，即开始施肥时产量递增，当增产到一定限度后，便开始递减，施用相同数量的肥料，所得报酬逐年减少，形成一个抛物线。另一方面是从单位肥料能形成的产量分析，每一单位肥料所得报酬，随着施肥量的递增报酬递减，也称肥料报酬递减律。

肥料报酬递减律是不以人们意志为转移的客观规律，因此应该充分利用它，掌握施肥的度，从而避免盲目施肥。从思想上走出“施肥越多越增产”的误区。

（4）因子综合作用律

作物的生长发育受到各因子（水、肥、气、热、光及其他农业技术措施）影响，只有在外界条件保证作物正常生长发育的前提下，才能充分发挥施肥效果。因子综合作用律的中心意思是：作物产量是影响作物生长发育诸因子综合作用的结果，但其中必然有一个起主导作用的限制因子，作物产量在一定程度上受该限制因子的制约。所以施肥就与其他农业技术措施配合，各种肥分之间也要配合施用。例如水能控肥，施肥与灌溉的配合就很重要。

2.4 化肥的发展

化肥是化学肥料有简称。用化学和（或）物理方法人工制成的含有一种或几种农作物生长需要的营养元素的肥料。

化肥工业已有140多年历史。17世纪初期，科学家们开始研究植物生长与土壤之间的关系。19世纪初，德国人李比希研究植物生长与某些化学元素间的关系。他在1840年阐述了农作物生长所需的营养物质是从土壤里获取的，他确定了氮、钙、镁、磷和钾等元素对农作物生长的意义，并预言农作物需要的营养物质将会在工厂里生产出来。不久，他的预言就被证实。

2.4.1 化肥的种类

（1）无机肥

无机肥为矿质肥料，也叫化学肥料，简称化肥。它具有成分单纯，含有效成分高，易溶于水，分解快，易被植物根系吸收等特点，所以称“速效性肥料”。通常的化肥就是“无机肥料”。无机肥是指用化学合成方法生产的肥料。常见无机肥料有：

1）碳酸氢铵。又叫重碳酸铵，含氮17%左右，在高温或潮湿的情况下，极易分解产生氨气挥发。呈弱酸性反应，为速效肥料。

2）尿素。含氮46%，是固体氮肥中含氮最多的种。肥效比硫酸铵慢些，但肥效较长。尿素呈中性反应，适合于各种土壤。一般用作根外追肥时，其浓度以0.1%～0.3%为宜。

3）硫酸铵。含氮素20%～21%，每千克硫酸铵的肥效相当于60～100千克人粪尿，易溶于水，肥效快，有效期短，一般10～20天。呈弱酸性反应，多用作追肥。

4）钙镁磷肥。含磷14%～18%，微碱性，肥效较慢，肥效长。若与作物秸秆、垃圾、厩肥等制作堆肥，在发酵腐熟过程中能产生有机酸而增加肥效，宜用作基肥。适于酸性或微酸性土壤，并能补充土壤中的钙和镁微量元素的不足。

5）硫酸钾。含钾48%～52%。主要用作基肥，也可用作追肥，宜挖沟深施，靠近发根层收效快。用作根外追肥时，使用浓度应不超过0.1%。呈中性反应，不易吸湿结块，一般土壤均可施用。葡萄是喜钾肥的果树，施用硫酸钾效果很好。

6）草木灰。是植物体燃烧后的残渣，草木灰含钾5%～10%，含磷1%～4%，含氮0.14%，含钙也多达30%左右。草木灰中的钾，绝大多数是水溶性的，属速效肥。可用作追肥也可用作基肥。草木灰不宜与硫酸铵、人粪尿等混用，避免损失氮素。储存时要防止潮湿，以免养分流失。

7）石灰。呈碱性，是我国南方酸性土壤中常用的肥料，施后不但可以增加土壤中的钙肥，改善土壤结构，还能中和土壤酸性。沤制堆肥时，拌入少量石灰，可加速腐熟。

（2）气肥

气肥即气体肥料。由于气体的扩散性强，因此气体肥料主要是用在温室和塑料大棚中。二氧化碳（CO_2）是一种常用的气肥。在温室中施用二氧化碳可提高作物光合作用的强度和效率，促进根系发育，提高农产品品质，并大幅度提高作物产量。施用碳酸氢铵也可提供一定量的二氧化碳。

在保护栽培条件下或者一定的生产栽培条件下，二氧化碳浓度决定光合作用强度。在光照充分、温度较高时（28℃以上），CO_2浓度从通常的300微升/升增加到1 000～2 400微升/升，可使光合作用提高2倍。所以，栽培果树或者蔬菜使用CO_2，对于提高产量具有明显作用。

（3）生物肥

由一种或数种有益微生物活性细胞制备而成的肥料。生物肥料是菌而不是肥，因为它本身并不含有植物生长发育需要的营养元素，而只是含有大量的微生物，在土壤中通过微生物的生命活动，改善作物的营养条件。

目前，市场上出现的各种生物肥料，实际上是含有大量微生物的培养物。它们可以是粉剂或颗粒，也可以是液体状态。将它们施到土壤里，在适宜的条件下进一步生长、繁殖，一方面可以将土壤中某些难于被植物吸收的营养物质转换成易于吸收的形式；另一方面可以通过自身的一系列生命活动，分泌一些有利于植物生长的代谢产物，刺激植物生长。含固氮菌的菌肥还可以固定空气中的氮素，直接提供植物养分，不过目前各种菌肥能固定的氮素数量十分有限。

2.4.2 化肥工业的萌芽期

从19世纪40年代起到第一次世界大战是化肥工业的萌芽时期。那时，人类企图用人工方法生产肥料，以补充或代替天然肥料。磷肥和钾肥的生产开始得比氮肥早，原因是农业耕作长期实行绿肥作物和粮食作物轮作制以及大量使用有机肥料，所以对氮肥要求不很迫切。

1840年，李比希用稀硫酸处理骨粉，得到浆状物，其肥效比骨粉好。不久，英国人劳斯用硫酸分解磷矿制得一种固体产品，称为过磷酸钙。1842年他在英国建了工厂，这是第一个化肥厂。1872年，在德国首先生产了湿法磷酸，用它分解磷矿生产重过磷酸钙，用于制糖工业中的净化剂。1861年，在德国施塔斯富特首次开采光卤石钾矿。在这之前不久，李比希宣布过它可作为钾肥使用，两年内有14个地方开采钾矿。19世纪末期，开始从煤气中回收氨制成硫酸铵或氨水作为氮肥施用。1903年，挪威建厂用电弧法固定空气中的氮加工成硝酸，再用石灰中和制成硝酸钙氮肥，两年后进行了工业生产。1905年，用石灰和焦炭为原料在电炉内制成碳化钙（电石），再与氮气反应制成氮肥——氰氨化钙（石灰氮）。

2.4.3 发展阶段

从20世纪初到50年代，化肥工业处于发展阶段。在这个时期里，化肥生产技术不断进步，品种增多，产量增加，并逐步成为一个工业部门。但其规模与现代的化肥工业相比小得多。

（1）磷肥

磷肥主要指生产的过磷酸钙。此外，在欧洲的酸性土壤上广泛施用钢渣磷肥。在20世纪40～50年代，高浓度磷肥的生产技术有了突破，主要是湿法磷酸的生产工艺由原来的间歇操作改为连续操作，设备材料的腐蚀问题得到了基本解决。

（2）钾肥

继德国之后，一些国家先后发现了钾矿，其中法国于1910年、西班牙于1925年、苏联于1930年、美国于1931年先后进行了开采。钾矿富集和精制工艺的开发成功，为提高钾肥的品位奠定了基础。

（3）氮肥

1913年，用氢气和氮气合成氨的哈伯法在德国第一次建厂。它为氮肥工业的发展开拓了道路。但是，在20世纪50年代以前，它的生产技术还不够完善，价格比较贵，多数用在工业方面，少量用来制造氮肥。第二次世界大战期间，为了制造炸药，硝酸铵得到了发展。1922年，用氨和二氧化碳为原料合成尿素的第一个工厂在德国投入生产。

（4）复合肥料

1920年，美国氰氨公司的一个磷酸铵小生产装置投入运转，1933年，在加拿大联合采矿和冶炼公司也建成了一个生产磷酸铵的工厂。20世纪30年代初，用硝酸分解磷矿并用氨中和加工制造硝酸磷肥的奥达法首先在德国建厂。

2.4.4 结构调整期

（1）加快结构调整，优化品种结构

按照适应现代农业发展和环境友好的要求，改进提升尿素、磷铵、氯化钾和硫酸钾（镁）等基础肥料，适度发展硝基肥料、熔融磷钾肥料、液体肥料等多元肥料，鼓励发展按配方施肥要求的复混肥和专用肥，重视发展中、微量元素肥料、缓控释肥料。

（2）加快兼并重组，促进基础肥料向资源产地和优势企业集中

加快促进基础肥料生产向优势企业集中，逐步形成以大型化肥企业为主导的生产经营格局，提升农化服务。鼓励大型化肥企业以生产为基础，以质量为保证，加强质量专业人员培养，着力培育品牌和营销网络，加快建立高效的供销和服务体系，扩大农化服务业务，减少流通环节，降低化肥流通成本。大力开展测土配方，实现精准施肥，防止和减少过量施肥，提高肥效，降低面源污染。

(3) 推动技术进步，提高生产水平

将氮肥、磷肥、钾肥、复混肥作为重点开发和推广的化肥品种，提高资源保障能力，鼓励氮肥企业和煤炭企业联合建设化肥用煤生产基地，保障化肥用煤稳定供应。加强磷矿特别是中低品位磷矿采选能力建设。加快国内钾矿资源勘探，开发利用难溶性钾矿资源。强化安全发展，加强化肥企业安全生产，对位于城区的老装置研究制定搬迁规划，新建装置必须进入化工园区或集聚区，保证与周围居民区的安全距离。加大安全投入，不断利用新工艺、新技术进行安全改造，提高装置本身安全度。

2.5 微肥的发展与利用

微量元素是指自然界中含量很低的一种化学元素。部分微量元素是植物正常生长和生活所必需的，称为“必需微量元素”或者“微量养分”，其在植物体内的作用有很强的专一性，是不可缺乏和不可替代的。当供给不足时，植物往往表现出特定的缺乏症状，农作物产量降低，品质下降，严重时可能绝产。而施加微量元素肥料，有利于产量的提高。目前已证实，作物所必需的微量元素有硼、锰、铜、锌、钼、铁、氯等。这些元素经过工厂制造成的肥料，就叫作微量元素肥料，简称微肥。

2.5.1 国内外应用微肥的历史

微量营养元素的研究从20世纪20年代初开始，有近100年的历史。微量营养元素研究是植物营养研究的一部分。

微量元素的研究，现在已超出了土壤学家、农业化学家、生理学家的研究范畴，生态学家及环境科学方面的专家也给予了极大的关注。微肥的产生与发展和氮、磷、钾肥料一样，只不过是随着微量营养元素的证实而诞生。微肥的应用，成了植物矿质领域内的巨大进展之一，促进了农作物产量的大幅度提高。

微肥在农业生产中具有现实的生产意义，国外在20世纪30年代就在农业上有了示范和推广应用。苏联1937～1939年间施用的硼肥（硼镁肥）已达2 700

吨。美国20世纪40年代后期年施用硼砂达4148吨，50年代硫酸锌年用量达到3 311吨。

我国微肥的生产已有60多年的历史。1964年，首先在吉林锗厂开始生产钼肥，对大豆的增产效果显著。20世纪70年代以来，农业部门和中国科学院有关单位相继发现作物有缺锌、硼、铁、锰的症状，引起了有关部门重视。1981年国家经委等联合召开了全国第一次微量元素肥料会议。目前我国以微量元素肥料为主要成分的登记产品已经达到1 400多个，共有900家企业生产中微量元素肥料，以微量元素水溶肥为主，占微量元素肥料产品总数的90%，并且呈现快速发展趋势。微量元素水溶肥产品98%是复合型，以锌、锰、硼等组合为主。全国微量元素肥料涉及的作物已经达到50种之多，基本覆盖了我国主要作物种类。

2. 5. 2 微肥的种类

（1）按元素区分

1）硼肥。硼砂、硼酸、硼泥（硼渣）、硼镁肥，硼镁磷肥、含硼过磷酸钙、含硼硝酸钙、含硼碳酸钙、含硼石膏、含硼玻璃肥料、含硼矿物、含硼黏土。

2）钼肥。钼酸铵、钼酸钠、含钼矿渣、三氧化钼、含钼过磷酸钙。

3）锌肥。七水硫酸锌、氯化锌、氧化锌、螯合态锌、碳酸锌、硫化锌、磷酸铵锌等。

4）锰肥。硫酸锰、氯化锰、碳酸锰、含锰玻璃、氧化锰、含锰过磷酸钙、磷酸铵盐，锰渣。

5）铜肥。五水硫酸铜、一水硫酸铜、螯合态铜、含铜矿渣、碳酸铜、氧化铜、氧化亚铜、硫化铜、磷酸铵铜。

6）铁肥。硫酸亚铁、硫酸亚铁铵、螯合态铁、硫酸铁、磷酸铵铁。

7）氯肥。氯化钙、氯化铵、氯化钾。

（2）按化合物的类型区分

1）易溶的无机盐。属于速溶性微肥，例如硫酸盐、硝酸盐、氯化物等。钼肥则为钼酸盐、硼肥为硼酸或硼酸盐。

2）溶解度较小的无机盐。属于缓效性微肥，例如磷酸盐、碳酸盐、氯化物等。

3）玻璃肥料。是含有微量元素的硅酸盐型粉末，是高温熔融或烧结的玻璃状物质，溶解度很低。

4）螯合物肥料。是天然的或人工合成的具有螯合作用的化合物，与微量元素螯合的产物。

5）混合肥料。是在氮磷钾肥中加入一种或多种微量元素制成的混合肥。

6）复合肥料。是氮磷钾肥与一种微量元素或者几种微量元素制成的化合物。

7）含微量元素的工业废弃物。其中常含有一定数量的某种微量元素，也可作为微量元素肥料使用，一般都是缓效性肥料。

此外，各种有机肥料都含有一定数量的各种微量元素，是微量元素肥料的一种肥源，但不能认为有机肥料能够完全满足农作物对微量元素的需要。

2.5.3 微肥的作用

（1）提高作物产量

一些高产田由于长期过量的使用氮、磷、钾等常量元素肥料，土质恶化，增产幅度有限。针对性地施用微肥，是提高中、低产田产量的有效技术措施，也是维持高产田连续增产的重要手段。

不同地区的不同作物施用微肥都有非常明显的增产效果。一般可达到5%～50%，尤其是中、低产田效果最为显著。在一些微量元素严重缺乏的地区，针对性的在果树、蔬菜上使用微量元素，最高增产幅度可达100%。

（2）改善作物品质

大量全元复合肥料的施用，大大改善了作物的无机营养平衡，不仅使农作物产量大幅度提高，而且使农产品的品质大为改善，一些地方性缺素造成的病害可以得到有效防治。农产品，尤其是粮食、蔬菜、水果等的蛋白质、糖、维生素、微量元素等含量升高，风味更好，对棉花、红麻等经济类作物还可增强纤维强度。

（3）减轻作物病虫害

微肥的施用，使农作物所需的各种元素得到了平衡合理的供应，这就大大增强了作物的抗病、抗寒、抗高温、抗干旱能力。

2.6 从测土到平衡施肥

测土配方施肥是以土壤测试和肥料田间试验为基础，根据作物需肥规律、土壤供肥性能和肥料效应，在合理施用有机肥料的基础上，提出氮、磷、钾及中、微量元素等肥料的施用数量、施肥时期和施用方法。通俗地讲，就是在农业科技人员指导下科学施用配方肥。测土配方施肥技术的核心是调节和解决作物需肥与土壤供肥之间的矛盾；同时有针对性地补充作物所需的营养元素，作物缺什么元素就补充什么元素，需要多少补多少，实现各种养分平衡供应，满足作物的需要；达到提高肥料利用率和减少用量，提高作物产量，改善农产品品质，节省劳力，节支增收的目的。

2.6.1 测土配方施肥技术的原理

测土配方施肥是以养分归还（补偿）学说、最小养分律、同等重要律、不可代替律、肥料效应报酬递减律和因子综合作用律等为理论依据，以确定养分的施肥总量和配比为主要内容。为了补充发挥肥料的最大增产效益，施肥必须和选用良种、肥水管理、种植密度、耕作制度和气候变化等影响肥效的诸因素结合，形成一套完整的施肥技术体系。

（1）养分归还（补偿）学说

作物产量的形成有40%～80%的养分来自土壤，但不能把土壤看作一个取之不尽、用之不竭的“养分库”。为保证土壤有足够的养分供应容量和强度，保持土壤养分的携出与输入间的平衡，必须通过施肥这一措施来实现。依靠施肥，可以把作物吸收的养分“归还”土壤，确保土壤肥力。

（2）最小养分律

作物生长发育需要吸收各种养分，但严重影响作物生长，限制作物产量的是土壤中那种相对含量最小的养分因素，也就是最缺的那种养分（最小养分）。如果忽视这个最小养分，即使继续增加其他养分，作物产量也难以再提高。只有增加最小养分的量，产量才能相应提高。经济合理的施肥方案，是将作物所缺的各种养分同时按作物所需比例相应提高，作物才会高产。

（3）同等重要律

对农作物来讲，不论大量元素或微量元素，都是同样重要缺一不可的，即缺少某一种微量元素，尽管它的需要量很少，仍会影响某种生理功能而导致减产，如玉米缺锌导致植株矮小而出现花白苗，水稻苗期缺锌造成僵苗，棉花缺硼使得蕾而不花。微量元素与大量元素同等重要，不能因为需要量少而忽略。

（4）不可代替律

作物需要的各营养元素，在作物内都有一定功效，相互之间不能替代。如缺磷不能用氮代替，缺钾不能用氮、磷配合代替。缺少什么营养元素，就必须施用含有该元素的肥料进行补充。

（5）报酬递减律

从一定土地上所得的报酬，随着向该土地投入的劳动和资本量的增大而有所增加，但达到一定水平后，随着投入的单位劳动和资本量的增加，报酬的增加却在逐步减少。当施肥量超过适量时，作物产量与施肥量之间的关系就不再是曲线模式，而呈抛物线模式了，单位施肥量的增产会呈递减趋势。

（6）因子综合作用律

作物产量高低是由影响作物生长发育诸因子综合作用的结果，但其中必有一个起主导作用，产量在一定程度上受该限制因子的制约。为了充分发挥肥料的增产作用和提高肥料的经济效益，一方面，施肥措施必须与其他农业技术措施密切配合，发挥生产体系的综合功能；另一方面，各种养分之间的配合作用，也是提高肥效不可忽视的问题。

2.6.2　测土配方施肥

（1）协调营养平衡的原则

作物的正常生长发育既要求所需的各种养分有充足的供应量，又要求各种养分的供应量之间保持适当的比例。因而通过野外调查、取样测试、配方施肥等系列工作以协调营养平衡，保证作物生长所需的各种营养适量且按比例供给。

（2）增加产量与改善农产品品质相统一的原则

无论是化肥还是有机肥，对作物的增产作用已是众所周知的事实。农产品的品质主要决定于作物本身的遗传特性，也受施肥的影响，尤其在作物的产量和品质对施肥的反应不同步时，测土配方施肥可以根据需要实现产量和品质相统一。

（3）提高肥料利用率的原则

有机肥料和无机肥料配合施用是提高肥料利用率的有效途径之一，各种养分的配合施用，如氮、磷、钾的配合施肥，大量元素与微量元素的配合施用，不仅为作物生长发育平衡供应各种养分，还可以充分发挥各养分之间的相互促进作用，从而提高施肥效果和肥料利用率。

（4）保护生态环境的原则

肥料施入土壤后，一些肥料的成分或肥料与土壤发生相互作用的产物不可避免地进入与土壤圈密切相关的大气圈、水圈和生物圈，而合理施肥能最大限度地减少这些物质进入环境产生污染。

（5）保障农业生产可持续发展的原则

培肥地力是保障农业生产可持续发展的根本。地力水平及变化趋势不仅取决于土地本身，更受外部自然环境及人类社会生产活动的影响。人类社会生产活动尤其是施肥，不仅直接影响着地力发展变化的方向和速度，还决定着农业生产的水平和发展趋势。测土配方施肥的最根本原则，就是维持并提高地力以保障农业生产的可持续发展。

2.6.3 测土配方施肥的基本方法

基于田块的肥料配方设计，首先要确定氮、磷、钾养分的用量，然后确定相应的肥料组合，通过提供配方肥料或发放配肥通知单，指导农民使用。肥料用量的确定方法，主要包括土壤与植株测试推荐施肥方法、肥料效应函数法、土壤养分丰缺指标法和养分平衡法。

（1）养分平衡法

1）基本原理与计算方法：根据作物目标产量需肥量与土壤供肥量之差估算施肥量的方法。计算公式为

$$施肥量=\frac{目标产量所需养分总量-土壤供肥量}{肥料中养分含量\times肥料当季利用率}$$

养分平衡法涉及目标产量、作物需肥量、土壤供肥量、肥料利用率和肥料中有效养分含量五大参数。目标产量确定后因土壤供肥量的确定方法不同，形成了地力差减法和土壤有效养分校正系数法两种。

地力差减法是根据作物目标产量与基础产量之差来计算施肥量的一种方法。其计算公式为

$$施肥量=\frac{(目标产量-基础产量)\times单位经济产量养分吸收量}{肥料中养分含量\times肥料利用率}$$

土壤有效养分校正系数法是通过测定土壤有效养分含量来计算施肥量。其计算公式为

施肥量 =

$$\frac{作物单位产量养分吸收量\times目标产量-土壤测试值\times0.15\times土壤有效养分校正系数}{肥料中养分含量\times肥料利用率}$$

2）有关参数的确定

A. 目标产量：目标产量可采用平均单产法来确定。平均单产法是利用施肥区前三年平均单产和年递增率为基础确定目标产量，其计算公式是

目标产量（千克/亩）＝（1＋递增率）×前3年平均单产（千克/亩）

一般粮食作物的递增率为10%～15%为宜，露地蔬菜一般为20%左右，设施蔬菜为30%左右。

B. 作物需肥量：通过对正常成熟的农作物全株养分的分析，测定各种作物每千克经济产量所需养分量，乘以目标常量即可获得作物需肥量。

$$作物目标产量所需养分量（千克）=\frac{目标产量（千克）}{100}\times百千克产量所需养分量（千克）$$

C. 土壤供肥量：土壤供肥量可以通过测定基础产量、土壤有效养分校正系数两种方法估算：

通过基础产量估算：不施肥区作物所吸收的养分量作为土壤供肥量。

$$土壤供肥量（千克）=\frac{不施养分区作物产量（千克）}{100}\times百千克产量所需养分量（千克）$$

通过土壤有效养分校正系数估算：将土壤有效养分测定值乘一个校正系数，以表达土壤“真实”供肥量。该系数称为土壤有效养分校正系数。

$$土壤有效养分校正系数（\%）=\frac{缺素区作物地上部分吸收元素量（千克/亩）}{该元素土壤测定值（毫克/千克）\times 0.15}$$

D. 肥料利用率：一般通过差减法来计算。利用施肥区作物吸收的养分量减去不施肥区农作物吸收的养分量，其差值视为肥料供应的养分量，再除以所用肥料养分量就是肥料利用率。

肥料利用率（%）＝

$$\frac{施肥区农作物吸收养分量（千克/亩）-缺素区农作物吸收养分量（千克/亩）}{肥料施用量（千克/亩）\times 肥料中养分含量（\%）}\times 100$$

E. 肥料养分含量：肥料包括无机肥料与有机肥料。无机肥料、商品有机肥料含量按其标明量，不明养分含量的有机肥料养分含量可参照当地不同类型有机肥养分平均含量获得。

（2）肥料效应函数法

根据“3414”（氮、磷、钾 3 个因素，4 个施肥水平，14 个处理）方案田间试验结果建立当地主要作物的肥料效应函数。直接获得某一区域、某种作物的氮、磷、钾肥料的最佳施用量，为肥料配方和施肥推荐提供依据。

（3）土壤养分丰缺指标法

通过土壤养分测试结果和田间肥效试验结果，建立不同作物、不同区域的土壤养分测试结果指标，提供肥料配方。土壤养分丰缺指标田间试验也可采用“3414”部分实施方案，收获后计算产量，用缺素区产量占全肥区产量百分数，即相对产量的高低来表达土壤养分的丰缺情况。相对产量低于 50% 的土壤养分为极低，50% ~75% 的为低，75% ~95% 的为中，大于 95% 的为高，从而确定出适用于某一种区域、某种作物的土壤养分丰缺指标及对应的施用肥料数量。对该区域其他田块，通过土壤养分测定，就可以了解土壤养分的丰缺状况，提出相应的推荐施肥量。

（4）土壤、植株测试推荐施肥方法

该技术综合了目标产量法、养分丰缺指标法和作物营养诊断法的优点。对于大田作物，在综合考虑有机肥、作物秸秆应用和管理措施的基础上，根据氮、磷、钾和中微量元素的不同特征，采取不同的养分优化调控与管理策略。其中，氮素推荐根据土壤供氮状况和作物需氮量，进行实时动态监测和精确调控，包括基肥和追肥的调控；磷钾肥通过土壤测试和养分平衡进行监控；中微量元素采取因缺补缺的矫正施肥策略。该技术包括氮素实时监控、磷钾养分恒量监控和中微量元素养分矫正施肥技术。

2.6.4 测土配方施肥的步骤

测土配方施肥技术包括测土、配方、配肥、供应、施肥指导五大核心环节、九项重点内容。

（1）田间试验

田间试验是获得各种作物最佳施肥量、施肥时期、施肥方法的根本途径，也是筛选、验证土壤养分测试技术、建立施肥指标体系的基本环节。通过田间试验，掌握各个施肥单元不同作物优化施肥量，基、追肥分配比例，施肥时期和施肥方法；摸清土壤养分校正系数、土壤供肥量、农作物需肥参数和肥料利用率等基本参数；构建作物施肥模型，为施肥分区和肥料配方提供依据。

（2）土壤测试

土壤测试是制定肥料配方的重要依据之一。随着我国种植业结构的不断调整，高产作物品种不断涌现，施肥结构和数量发生了很大的变化，土壤养分库也发生了明显改变，通过开展土壤氮、磷、钾及中、微量元素测试，了解土壤供肥能力状况。

（3）配方设计

肥料配方设计是测土配方施肥工作的核心。通过总结田间试验、土壤养分数据等，划分不同区域施肥分区；同时，根据气候、地貌、土壤、耕作制度等相似性和差异性，结合专家经验，提出不同作物的施肥配方。

（4）校正试验

为保证肥料配方的准确性，最大限度地减少配方肥料批量生产和大面积应用的风险，在每个施肥分区单元设置配方施肥、农户习惯施肥、空白施肥3个处理，以当地主要作物及其主栽品种为研究对象，对比配方施肥的增产效果，校验施肥参数，验证并完善肥料配方，改进测土配方施肥技术参数。

（5）配方加工

配方落实在农户田间是提高和普及测土配方施肥技术的最关键环节。目前不同地区有不同的模式，其中最主要的也是最具有市场前景的运作模式是市场化运作、工厂化加工、网络化经营。这种模式适应我国农民科技素质低、土地经营规模小、技物分离的现状。

（6）示范推广

为促进测土配方施肥技术能够落实到田间，既要解决测土配方施肥技术市场化运作的难题，又要让广大农民亲眼看到实际效果，这是限制测土配方施肥技术推广的“瓶颈”。建立测土配方施肥示范区，为农民创建窗口，树立样板，全面展示测土配方施肥技术效果，是推广前要做的工作。推广“一袋子肥”模式，将测土配方施肥技术物化成产品，也有利于打破技术推广“最后一公里”的“坚冰”。

（7）宣传培训

测土配方施肥技术宣传培训是提高农民科学施肥意识，普及技术的重要手段。农民是测土配方施肥技术的最终使用者，迫切需要向农民传授科学施肥方法和模式；同时还要加强对各级技术人员、肥料生产企业、肥料经营商的系统培训，逐步建立技术人员和肥料商持证上岗制度。

（8）效果评价

农民是测土配方施肥技术的最终执行者和落实者，也是最终受益者。检验测土配方施肥的实际效果，及时获得农民的反馈信息，不断完善管理体系、技术体系和服务体系。同时，为科学地评价测土配方施肥的实际效果，必须对一定的区域进行动态调查。

（9）技术创新

技术创新是保证测土配方施肥工作长效性的科技支撑。因此，应重点开展田间试验方法、土壤养分测试技术、肥料配制方法、数据处理方法等方面的创新研究工作，不断提升测土配方施肥技术水平。

2.7 肥料缓释技术的发展

缓释肥料是通过养分的化学复合或者物理作用，使其对作物的有效态养分随着时间而缓慢释放的化学肥料。

据相关统计，化肥投入约占农民进行种植业生产总投入的50%左右，发展中国家粮食增产中50%来自于化肥的作用。但传统技术生产出的肥料利用率低，不仅造成资源的巨大浪费，还给人类赖以生存的环境造成了严重污染。为解决肥料养分释放速率与植物养分吸收速率不吻合的问题，20世纪初提出了缓释肥料的概念。1955年，微溶性脲醛化合物（UF）商品化生产，缓释肥料才真正意义上用于农业生产。1961年，美国研制出硫包膜尿素。

2.7.1 肥料缓释技术的形成

（1）缓控释肥在国外的发展历程

自从1948年美国科学家合成了世界上第一个缓控释缩合肥——尿素–甲醛后，缓控释肥的研发经历了一个多元化的发展过程。1960年以前主要是尿素–甲醛结合物的初步研究。20世纪60年代，缓控释肥的研发取得了巨大进展，研究主要集中在尿素–甲醛缩合物的生产及其应用方面，石蜡、松香等作为包裹膜方面，缩二脲的应用和危害等。

到了20世纪70年代，研究方向主要为尿素–甲醛缩合物、聚烯类等作为包裹膜，肥料中掺杂其他难溶物、添加剂、抑制剂生产缓控释肥，异丁叉二脲和正丁叉二脲缩合物缓释肥料的研究方面。

20世纪80年代是缓控释氮肥研发突飞猛进的年代，缓控释氮肥开始走多元化道路，其研究方向也随之扩大，主要是对硫黄、聚乙烯、磷酸镁铵

[$(NH_4)MgPO_4 \cdot H_2O$]等作为包裹膜材料方面的研究，以及关于包裹缓释肥料理论模型的研究。

20世纪90年代缓控释肥趋于成熟，各方面的研究不断完善细化，并对新的领域进行探索研究，其中包括对有机高分子聚合物包裹膜分解过程的研究、吸附缓释肥料的研究等。

(2) 缓释肥料在国内的发展历程

20世纪60年代末，中国科学院南京土壤研究所就开始长效氮肥的研究，在国内首先研制成功了包膜长效碳酸氢铵。

近几年我国缓释肥料发展迅速，主要采取两种技术路线，分别是将肥料进行微溶化或包膜处理来实现肥料养分的缓释。前者的代表性产物有脲醛化合物(UF)，后者的代表性产物有硫包膜尿素(SCU)、聚合物包膜尿素(PCU)等。

目前中国农科院、中国农业大学、山东农业大学、华南农业大学、郑州大学、北京农林科学院等单位正在开展不同类型缓释肥料的开发和应用研究，并取得了一定的实质性进展，有部分产品及肥料生产设备已经面世。例如，郑州大学磷肥与复肥研究所不仅在国内建立了缓释肥料生产厂，并且以钙镁磷肥为包裹物的缓释肥料还取得了美国专利，成功在美国建厂；山东农业大学与金正大集团合作，建成了年产30万吨缓释肥料生产设备，并投产；华南农业大学资源与环境学院则在探索用低成本控释材料和非专用设备生产包膜肥方面获得初步成功；北京农科院植物营养与资源研究所成功研发出了树脂包衣缓释肥料生产设备，并研制出适合不同作物需要的控肥系列新产品。该项科研成果标志着我国缓释肥料的研究已取得了较大进展，缓释肥料已达到了国外同类产品的质量标准和水平。然而，要使缓释肥料生产成本进一步降低，尽快扩大推广应用范围，仍有大量的工作要做。

2.7.2 缓释肥料的分类

缓释氮肥按其农业的化学性质可分为4种类型：合成有机氮肥、包膜肥料、缓溶性无机肥料、天然有机质为基体的各种氨化肥料，其中最主要的类型是合成有机氮肥和包膜肥料。合成缓释氮肥的品种主要有：脲甲醛、亚异丁基二脲、亚丁烯基二脲、草酰胺等。包膜肥料主要品种有：硫黄包膜肥料、聚合物包膜肥料、石蜡包膜肥料、磷酸镁铵、包膜肥料（如缓效碳酸氢铵）等。

2.7.3 缓释肥料的优点

1）缓释肥料在水中溶解度小，营养元素在土壤中缓慢释放，减少了营养元素的损失。

2）缓释肥料肥效长期、稳定，能源源不断供给，满足植物在整个生长期对养分的需求。

3）缓释肥料具有低盐指数，一次大量施用不会“烧苗”。

4）缓释肥料减少了施肥的数量和次数，节约了成本。

5）缓释肥料适合于不同类型的土壤和植物，有效防止土壤板结。

在原始农业时期靠自然力去恢复地力，主要是开掘一块土地后，撒播种子，不进行田间管理，在连续种植几年后弃耕，待地力恢复后再种，有几块土地轮换种植；或者先用刀斧砍倒树木，晒干焚烧后做肥料，然后开穴下种，种 2 ~ 3 年农作物，需休闲 10 ~ 20 年才能恢复地力。在传统农业时期创造了利用人工施有机肥的办法来提高土壤肥力。近代农业时期通过施用化学肥料来提高土壤肥力。现代农业时期通过生产复合肥料、浓缩肥料、液体肥料和缓解肥料等，增加化学肥料的品种和提高化学肥料的质量，使施用化学肥料成为提高土壤肥力的核心。但化学肥料的大量不合理使用，导致土壤污染严重、土壤酸化、微生物活性降低、养分失调、土壤肥力和农产品质量下降等不良影响。

3 农业灌溉技术的发展

灌溉是中国农业发展的关键，中国80%左右的耕地分布在相对缺水的北方，如果没有灌溉，大量的耕地将无法进行粮食生产。中国农业的发展是与灌溉的发展紧密相连的，以灌溉为特征的农耕文明是华夏文明起源、发展和延续的重要基础。中国水资源分布与耕地分布的极度不均衡性，使得我国农业发展对灌溉的依赖度很高，由于人口增加、工业化和城市化的快速发展及灌溉水利用率的低下，我国灌溉农业的发展面临着巨大的挑战。农业是用水大户，大力发展节水农业，改变用水观念、革新灌溉方式是农业及经济社会可持续发展的必然选择。正是在这种背景下，实现了地面灌溉向设施灌溉的逐步转变，极大降低了农业用水量、提高了用水效率。

3.1 作物与水分关系

3.1.1 水分对作物的作用

水分和养分一样，都是作物正常生长发育基本的物质条件，一定条件下，水分对作物增产的作用更大。水分供应不足，作物生长发育缓慢，甚至死亡。水对作物生产的作用，可分为生理效应和生态效应两个方面，也称为生理需水与生态需水。主要表现在以下几个方面：

（1）水分是作物的重要组成成分

水分在生活细胞中的含量高达80%以上，是维持原生质胶体状态及其稳定性的重要条件。生命活动较强的部位，如嫩叶、根尖等，含水量均达70%～90%。

（2）水分维持了作物的固有姿态

正因为作物体细胞和组织含有大量水分，维持了细胞的膨胀度，才使这些细胞和组织保持一定的紧张状态，使叶片挺立，并向空中伸展，接受阳光，交换气体，进行各种生理活动。如果缺水，茎叶细胞就会失去紧张状态而发生萎蔫现象，使正常的新陈代谢受到不同程度的损害。

（3）水和二氧化碳一样，是光合作用的原料

作物体内几乎所有的营养物质都是光合作用的直接和间接产物，这些产物不仅是作物生长发育的物质基础，也是作物高产的物质基础。

（4）水分是各种物质吸收和运输的重要媒介

土壤中的肥料要首先溶解在水里才能被根系吸收并且输送到其他部分，氮、磷、钾等化学肥料一般随水同时施入，就是为了提高肥料的利用效率。另外，叶片通过光合作用制造的有机物质，也要溶解在水里才能被送到各部分去。

（5）水分是作物体内一切生化反应的介质

作物体内所有新陈代谢活动都必须在水中才能正常进行，并且水分直接参与了许多生化反应。例如，水直接参与呼吸作用以及淀粉、蛋白质、脂肪等的水解反应。

（6）水分还可以调节作物植株温度

水的比热容、汽化热均较高。较高的比热容使作物植株温度在外界温度变化较大时仍能保持相当稳定，使作物在寒冷的冬天避免冻害。较高的汽化热可使作物在夏季高温条件下，通过水分的蒸发，调节体温，排除呼吸作用产生的热量，使它与环境温度达到平衡，避免高温伤害。

3.1.2 作物需水量与灌溉制度

（1）作物需水量的概念及其影响因素

作物从土壤中吸收的水分，绝大部分（99%以上）通过植物蒸腾作用进入大气，只有一少部分留在体内。除作物蒸腾需水外，植株棵间适宜的土壤蒸发对于调节田间小气候、保证作物正常生长发育也是必需的。作物需水量是指作物在适宜的土壤水分和肥力水平下，经过正常生长发育，获得高产时的植株蒸腾、棵间

蒸发以及构成植株体的水量之和。由于构成植株体的水量很少，所占比例一般不足三者之和的1%，可忽略不计。因此，在实际计算时，认为作物需水量在数量上即等于高产水平条件下的植株蒸腾量与棵间蒸发量之和。作物需水量的单位一般以某时段或全生育期所消耗的水层深度（毫米）或单位面积上的水量（$米^3$/公顷）来表示。

但是在实际生产中，作物并非全部处于适宜的土壤水分和肥力条件下，除作物需水量的概念外，还经常用到作物耗水量的概念。作物耗水量是指作物在任一土壤水分条件下的植株蒸腾量、棵间蒸发量以及构成植株体的水量之和。显然，作物需水量和耗水量的概念内涵有所不同。

作物需水量并非固定值，受多种因素的影响，笼统地概括为内因和外因。不同作物种类、同类作物不同品种、同品种作物不同生育时期的需水量都有差异，这些属于内在因子。外部因子包括不同气候气象条件、不同土壤条件、不同产量水平和农业生产技术水平等。

（2）作物田间需水量的估算

估算作物田间需水量的方法大致可分为两类，一类是从作物需水量对外界各种影响因素的响应变化规律中，建立某种经验数值关系，从而确定在某种条件下作物需水量的变化。另一类是根据能量平衡方程，求出作物蒸腾、田间蒸发所消耗的能量，再换算成相应的作物田间需水量。

1）经验数值法。该方法选择几个对作物田间需水量影响较大的气象因素（如气温、湿度等），根据已有的试验资料，分析这些主要因素与作物需水量之间存在的数量关系，最后归纳总结成经验公式。

2）能量平衡法。作物蒸腾、棵间蒸发散失水分的过程都需要克服一定阻力，即需要消耗能量，作物需水量的大小与蒸腾蒸发消耗的能量关系密切。能量平衡法就是通过计算出蒸腾蒸发所消耗的能量，然后再将能量折算成水量，即作物田间需水量。

（3）作物灌溉制度确定

灌溉制度是指特定作物在一定的气候、土壤、供水等自然条件和一定的农业技术措施下，为了获得高产或高效，所制订的农田灌水方案。

1）灌溉制度的内容。灌溉制度内容包括作物播种前及全生育期内的灌水次数、每次灌水的日期、灌水定额以及灌溉定额。此四项内容又被称为灌溉制度的“四要素”。

灌水定额是指一次灌水单位面积上的灌水量。作物全生育期各次灌水定额之和，叫作灌溉定额。灌水定额及灌溉定额常以米^3/公顷或毫米表示。

2）确定灌溉制度的原则。在水源供水充足条件下的最优灌溉制度是适时、适量地对农作物进行灌溉，使其生长条件得到最大限度的满足，从而获得高产。

在水量有限的条件下，农作物全生育期的总需水量及各生育阶段的需水量不可能得到全部满足，这将不可避免地引起农作物不同程度的减产。减产程度随着不同作物、不同生育时期的缺水程度而异。在这种情况下，合理的灌溉应是在弄清各种作物不同生育时期缺水减产情况的基础上实行省水灌溉，把有限的水量在作物生育期内进行最优分配，确保作物关键时期用水，减少非关键期供水。此时，所寻求的不是单产最高，而是在水量有限条件下的全灌区总产值最大。

3）确定灌溉制度的依据。灌溉制度随作物种类、品种和自然条件及农业技术措施的不同而变化。灌溉制度一般都需在灌水季节之前加以确定，带有部分估算（预报）的性质。因此，必须以作物需水规律和气象条件（特别是自然降水）等作为主要依据。

如水稻属于湿生类作物，具有喜水耐水特性，耗水强度大，灌水次数多，灌溉定额大。旱生作物只要求有适宜的土壤水分，不需要有明水层，因而耗水强度低，灌水次数少，灌溉定额相对较小。在干旱地区或遇干旱年份，降水少，蒸发量大，需要灌水次数多，灌溉定额也较大。相反，在湿润地区或湿润年份，灌水次数少，灌溉定额小。如土质黏、地势低洼，相应需要的灌水次数和灌溉定额均减少。如采用喷灌、滴灌、微灌等先进节水灌溉技术，灌溉定额也相应减少。

4）确定灌溉制度的方法。

A. 根据群众丰产灌水经验。农民在多年的生产实践中，积累了丰富的经验，创造了“看天、看地、看作物”的“三看”经验，能够根据天气、土壤及作物生长状况适时适量灌水。看天，主要是根据天气的变化，如天气干旱、气温高，就应该及时灌水、加大灌水定额。看地，主要是看土壤含水量的变化。看作物，是根据作物的生育期及生长状况来确定作物适宜的灌水定额。

B. 根据试验资料。我国建有较系统、完善的灌溉试验站，积累了作物需水量、灌溉制度、灌水技术等多方面的数据资料，这些数据资料可以作为制定灌溉制度的主要依据。但是不能照搬，要根据当地具体情况因时、因地制宜。

C. 根据水量平衡方程。这种方法是根据典型年型的气象资料和作物需水量，并参照灌溉试验资料和群众丰产经验制定。用水量平衡方程制定作物灌溉制度时，通常以作物主要根系吸水层作为灌溉时的土壤计划湿润深度，一般为 80 厘米，根据不同作物对水分的需求不同，要求该层次的储水量保持在适宜的范围之内，在生产中，一般要求田间土壤相对含水量维持在 60% ~80%。

3.1.3 作物水分平衡与亏缺反应

(1) 作物水分平衡

作物一生需用大量水分。研究表明，干旱条件下作物每生产 1 千克干物质需要 500 千克以上的水分。这其中大部分水分通过作物蒸腾和地表蒸发散失到大气之中，保持在作物体内的水分只占其总用水量的 1% 左右，然而正是这部分水在作物正常的生长发育中起着非常重要的作用。保持作物体内的水分处于适宜范围非常重要，取决于作物根系吸水和蒸腾失水的平衡。

1) 作物根系吸水：作物首先通过根系从土壤中吸收水分，经过根、茎的运输转移到叶片，最后通过蒸腾作用从气孔散失到大气中，这是一个连续进行的过程。作物体内为何水从低处向高处流？这主要与水势有关。

水势是在等温条件下从某一系统中（如土壤或植物体）提取单位水分所需要的能量，它表示水的能量状态。在土壤 - 作物系统中，水的吸收与移动是被动过程，从水势高的地方移向水势低的地方。

在土壤 - 作物 - 大气连续体中，大气水势最低，土壤水势最高，作物水势介于两者之间，总势差的主要部分在叶部与大气之间。因此说叶 - 大气界面的水势差是植物吸水的主要动力，即蒸腾拉力，可保证植物体内的水分能从土壤流向百米以上的高度，以满足植物对水分的要求。

影响根系吸水的因素很多，主要有土壤水势、植物种类、大气条件等。土壤水势高，根系吸水容易。一般土壤相对含水量在 50% 以上时，利于植物吸水。随土壤含水量降低，根系吸水越来越难，当土壤水势下降到 -1.5 兆帕时，大多数作物不能从土壤中继续吸水，作物处于永久萎蔫状态。湿生植物处于永久萎蔫状态的水势较高，耐旱性强的作物较低。因此，在旱地种植作物，应尽量选择在低土壤水势条件还能吸收土壤水分的品种。此外，根系吸水还与大气条件有关，大气湿度低、温度高、风速高等有利于作物根系吸水。

2）作物蒸腾失水：作物蒸腾作用在作物水分关系中占支配地位，控制着水分吸收和液流上升的速度，进而间接地影响着作物根系对土壤中有机、无机营养的吸收以及这两类物质在植株体内的运输。

作物吸收的水分主要是以气态形式通过角质层和叶片上的气孔向外散失，一般通过角质层的蒸腾作用十分微弱，主要是通过叶片气孔。影响气孔蒸腾的主要因素是气孔阻力，而影响阻力大小的因素是气孔开度。

通常表示作物蒸腾作用的方法有三种。蒸腾速率：作物在单位时间内，单位叶面积上蒸腾的水量，其单位为毫摩尔/（米^2·秒）；蒸腾效率：作物每消耗 1 千克水所形成的干物质克数，以克/千克表示；蒸腾系数：制造 1 克干物质所需消耗水分的千克数，它是蒸腾效率的倒数。

3）作物水分平衡：在作物正常生长状态下，吸水和蒸腾失水过程应该保持动态平衡，但是在自然状况下，二者往往不相等，作物水分平衡被打破。如果蒸腾失水快，作物体内发生水分亏缺，气孔就会部分关闭。反之，气孔开度增加。

（2）作物水分亏缺

作物生产过程中经常受到多重环境胁迫，包括异常气象因素、不利的土壤条件及各种病虫草害等，严重影响产量的进一步提高。在所有影响作物产量的因素中，干旱即水分亏缺对产量的影响最大，其引起的作物产量降低超过了其他所有胁迫的总和。

作物水分亏缺，简单地说是由于蒸腾失水超过了根系吸水，原有的水分平衡被打破。作物对水分亏缺的反应首先是含水量和水势降低，导致萎蔫，气孔部分或全部关闭，生长缓慢。如果水分亏缺加剧，作物光合作用下降，多种代谢失调，生长停滞，最终死亡。

作物自身在形态和生理上会发生部分改变，以适应水分亏缺环境。例如，根系生长加快，地上部分生长缓慢，根冠比提高；叶片变小，结构发生改变；在细胞中累积溶质，使组织水势降低，较低的组织水势增加了从土壤到叶片的水势梯度，加速了水分吸收。

3.1.4 土壤水及其有效性

（1）土壤水的类型

土壤是作物生产的基础，为作物生长提供必要的矿物质、有机质、水分和空气。土壤水是土壤的组成部分，是作物水分的主要来源。此外，土壤水又是土壤中许多化学、物理和生物学过程进行的必要条件。土壤水并非纯水，其含有各种溶质，还悬浮有土壤胶体颗粒，土壤水吸附在土壤孔隙中，是为作物生长提供养分的重要介质。

土壤水具有不同形式及能量状态。根据所受力的不同，土壤水可分为四种类型：吸湿水、薄膜水、毛管水及重力水。

1）吸湿水：室内自然风干的土壤似乎不含水分，但将其放在烘箱中（105～110℃）烘干后称重，其重量会减轻，但放回空气中经过一段时间后，其重量又会增加。这种增减的水量即为土壤的吸湿水，这部分水分不能被作物吸收利用。

2）薄膜水：当土壤的吸湿水达到最大量以后，在土壤颗粒吸湿水的外层会形成一层薄膜状的液态水，这种水可在土壤颗粒之间缓慢移动，部分可被作物吸收利用。

3）毛管水：土壤颗粒之间的孔隙一般被看作细小的毛细管，在毛管中水分和空气的界面呈现弯月面形，水分在这种弯月面下承受一种吸引力，称为毛管力。土壤中的毛管水就是依靠毛细管的吸引力而被保持在土壤孔隙中的水分，毛管水可在土壤中运动，也可为作物吸收利用。

4）重力水：当土壤中的水分超过了土壤颗粒的引力和毛管力的作用范围以后，多余的水分会在重力的作用下沿着土壤孔隙向下运动，这部分水即称为重力水。由于重力水不易保持在土壤上层，故绝大多数没有机会被作物利用。

土壤水也遵循自然界物质变化运动的规律，从能量高的地方流向能量低的地方，最后达到能量的平衡。降雨或灌溉时，首先是表层土壤被水分所饱和，之后，多余的水分会在重力的作用下进入第二层土壤，当第二层土壤被水分饱和后，它又会进入第三层土壤，依次类推。每次灌溉后，水分所能达到的土壤深度称为湿润深度。它是制订灌水定额的科学依据，原则是使湿润深度和作物根系的主要分布层相吻合。

由于作物根系分布在土壤剖面的不同深度，且有量的差异，因而作物对不同深度土壤水分的利用也不相同。一般来讲，由于表层根系较多且受大气条件影响较大，表层土壤耗水量往往是最大的，随着深度的增加，根系量逐渐减少，作物对土壤水分的消耗量也越来越少。这样当作物收获时，土壤深层会剩余大量未被作物利用的水分，如何充分利用土壤深层水分也是节水农业中的一个重要内容。如苗期适当干旱，促进根系下扎，这样便可多利用土壤深层储水，达到节水增产效果。

（2）土壤水在水循环中的地位

农田水循环是指大气水、地表水、土壤水、作物水、地下水在农田中的相互转化过程。

1）大气水。主要指大气降水（包括雨、雪、霜、露水等），它是地表水、土壤水，地下水的总来源，又控制着后三者。

2）地表水。主要指地表径流，受地形、地貌、土壤、植被等下垫面条件的共同影响，大气降水一部分转化为地表径流，绝大部分则被土壤拦蓄、入渗转化为土壤水，在重力作用下，其中一部分下渗转化为地下水。

3）地下水。是储存于地下多孔介质含水层的那部分水分，它不仅被开采作为城乡生活用水和工农业供水的主要水源，而且还可通过土壤毛细管上升转化为土壤水。

4）作物水。是指保持在作物体内的那部分水分，对作物的生长发育至关重要，其主要通过根系吸收土壤水，在体内完成使命后，最后通过作物蒸腾作用转化为大气水。

5）土壤水。是储存于多孔介质土壤中的水分，一般处于非饱和状态，可接受大气降水、地表水、地下水及灌溉水的多重补给，主要消耗在地表蒸发和植物蒸腾，在农田，农作物生长所需的实际蒸发蒸腾量又将土壤水转化为大气水。显然，非饱和土壤是“四水”相互转化的核心场所。土壤水是“四水”转化的中心环节。我国科学家在河南商丘的研究表明：在作物参与下，“四水”转化中大气降水的80%转化为土壤水，约10%转化为地下水，约8%转化为地表水，作物实际耗水中约90%是吸收利用的土壤水，这也充分说明了土壤水分在农业生产中的重要性。

（3）土壤水的有效性

土壤水有效性指土壤水对植物的有效程度。不能被植物吸收利用的称为无效水，能被植物吸收利用的称为有效水。土壤田间持水量和永久萎蔫点对土壤水有效程度有很大影响，是两个重要的土壤水分参数。

田间持水量：指充足灌溉或大雨之后3天内，土壤水势为 -0.2 兆帕时的土壤含水量。永久萎蔫点：指作物不能从土壤中吸水或作物发生永久萎蔫时的土壤含水量，此时的土壤水势通常为 -1.5 兆帕。

不同的土壤质地，这两个土壤水参数的值不同，一般随土壤颗粒的增大而减小。可利用的土壤水常指从田间持水量到凋萎点之间的含水量，也称为土壤水库的有效库容。

土壤水有效性在田间持水量和永久萎蔫点之间的变化规律，多年来学术界一直存在着争论。一种意见认为：在一定温度条件下，从田间持水量到永久萎蔫点之间土壤水对植物同等有效，也就是说在此范围内，植物的功能并不因土壤含水量的下降而受到影响。另一种意见认为：土壤水对植物的有效性随土壤湿度的下降而降低。还有一种意见则认为：在此范围内存在着一个“临界点”，高于“临界点”对植物的有效性相同；低于“临界点”对植物的有效性随土壤含水量的降低而降低。

对我国西北黄土区的研究表明：在田间持水量附近土壤水有效性下降较快，但在40% ~80%田间持水量范围内，土壤水分的有效性下降非常缓慢。因此，在这些地区推行节水农业时，可充分利用这一特点，大量减少灌溉用水，使作物以消耗灌溉水为主转向以消耗土壤水为主，以达节约用水的目的。

(4) 土壤水的表示方法

土壤水的表示方法很多，常用的有以下几种：

1) 质量含水量（克/千克）。是指土壤中保持的水分质量占干土质量的分数。其中干土质量是指在105℃下烘至恒重时的土壤质量。比如某土壤样品质量为100克，烘干（105℃）后的土壤质量是80克，则质量含水量=250克/千克。

2) 容积含水量（厘米^3/厘米^3）。是指土壤水分容积与土壤容积之比。其等于土壤重量含水量乘以土壤容重，可反映土壤孔隙的充水程度，计算土壤的固、液、气相的三相比。

3) 相对含水量（%）。土壤含水量占田间持水量的百分率。

4) 水层厚度（DW）。指一定厚度（h）、一定面积（S）的土壤中的含水量相当于多少面积相同的水层厚度。单位：毫米（相当于把厚度为h，面积为S的土层中的水分取出来，放入一个面积同样为S的容器中，容器中水的高度就是要计算的水层厚度）。

5) 有效含水量。土壤中的水分并不是全能被作物根系吸收利用。土壤有效含水量是指能够被作物吸收利用的水含量。有效含水量（%）=田间持水量（%）-凋萎系数（%）。

3.1.5 作物水分利用效率

(1) 作物水分利用效率

作物水分利用效率可分为三层次：叶片水平上的水分利用效率、群体水平上的水分利用效率和产量水平上的水分利用效率。

1) 叶片水平上的水分利用效率。也称之为水的生理利用效率或蒸腾效率，指光合速率与蒸腾速率的比值，是水分利用效率的理论值。一般用光合测定仪等仪器可直接测定。

2) 群体水平上的水分利用效率。作物群体的水分利用效率为作物群体CO_2净同化量与蒸腾量之比，也即群体CO_2通量和作物蒸腾的水汽通量之比。与单叶水平水分利用效率相比，更接近实际情况。农田群体CO_2通量和水汽通量采用波文比-能量平衡法或涡度相关通量法测定。

3）产量水平上的水分利用效率。为产量与耗水量之比，产量可以为生物产量或经济产量，经济产量更接近农业生产实际；耗水量包括了土壤表面的无效蒸发，对节水更有实际意义。

对于作物耗水量，又可分为三种情况：一是作物总的耗水量，即蒸散量，这是人们普遍所指的水分利用率，也称为蒸散效率；二是灌溉水量，即灌溉水利用率，它对确定最佳灌溉定额是必不可少的指标，在节水灌溉中意义重大；三是天然降雨，即降雨利用率，它是旱地节水农业中的重要指标。

（2）作物水分利用效率的影响因素

作物水分利用效率是一个受遗传基因控制的性状，同时受环境因素和栽培条件的影响。

1）内在因素。根据作物不同的光合作用途径，可分为C3、C4、CAM三类。

A. C3作物。当光照强度超过全日照约1/3时，光合作用就达到饱和，另外这类作物在光下还有光呼吸过程（可消耗净光合产物的20%～75%，视CO_2浓度、光温条件而异）。由于C3作物较强的光合过程，其光合生产率及水分利用效率都较低。如小麦、水稻、棉花、大豆、向日葵等。

B. C4作物。它具有不同于C3作物的叶片解剖结构和高活性的PEP羧化酶，光强很高时，叶片光合速率仍继续上升，无明显光饱和点，光呼吸速率很低。与C3作物相比，其光合生产率和水分利用效率都较高，水分利用效率约为C3作物的2倍。如玉米、高粱、甘蔗等作物。

C. CAM作物。具有反常的气孔行为，晚上气孔开放吸收CO_2，形成四碳酸；白天气孔关闭以避免蒸腾失水并进行CO_2还原。CAM植物适应于在炎热、干燥、强烈日照和昼夜温差大的荒漠环境下生存，对干旱有非常强的抵抗能力，也有最高的水分利用效率。如菠萝、剑麻、仙人掌等。

除了作物种间的水分利用效率差异外，品种间水分利用效率也存在差异。

2）外界环境因素。影响作物水分利用效率的环境因素很多，主要包括土壤水分、大气湿度和大气CO_2浓度等。

A. 土壤水分。作物水分利用效率的峰常对应于有效土壤水分的谷。在灌溉或降雨后，作物水分利用效率随有效土壤水分的增大而减少。在灌溉和降雨的间歇，有效土壤水分逐渐下降，而作物水分利用效率则有所上升。水分利用效率的日变化受土壤水分影响。土壤水分较低时，水分利用效率日变化明显，日较差较大；灌水后，土壤水分增高，水分利用效率日变化不明显，日较差很小。

B. 大气湿度。一般用水汽压、相对湿度、饱和差等表示。无论是叶片水平还是群体水平的水分利用效率与饱和差均是负相关关系，水分利用效率随饱和差增加而降低，开始时下降迅速，到一定临界值变得平缓，通过农艺措施如能将饱和差控制在此阈值范围内，将能保证水分利用效率维持在较高水平。

C. 大气 CO_2 浓度。大气 CO_2 浓度是叶片光合作用的驱动因子，叶片光合速率在某种程度上取决于叶片内外 CO_2 浓度梯度。一般来讲，随 CO_2 浓度提高，不论是叶片水平还是群体水平上水分利用效率均有增大的趋势。大气 CO_2 浓度也是影响群体水分利用效率日变化的重要因素之一。清晨地表大气 CO_2 浓度较高，群体水分利用效率较大。随太阳辐射渐强，地表大气 CO_2 浓度逐渐下降，群体水分利用效率也很快降低。

3.2 我国灌溉史与地面灌溉技术

3.2.1 灌溉发展历程

（1）古文明时期

中国的古文明是从洪水治理开始的，聚居在黄河中游的部落在大禹的带领下战胜了洪水，中华民族由此进入强盛时期，史上第一个王朝——夏朝诞生。夏朝之后，中国进入了商周时期，开始了以农耕文明为特征的奴隶制社会，这一时期是灌溉工程的起源期。殷墟出土的公元前1300年的甲骨文已有象形字“井”，说明了当时已有了凿井取水的设备；“甽”“畊”“畓”等字也反映了当时已有了利用流水、凿井取水灌溉田地的简单技术。

经过战国时期数百年的诸侯战争，最后齐、楚、燕、韩、赵、魏、秦七国称雄天下，这些国家都有发达的农业，有数量较多的灌溉设施。其中魏国、秦国和楚国是兴建水利工程最多、规模最大的国家，许多工程为后来的大型灌区奠定了基础，如魏国的引漳十二渠，不仅保障了农业灌溉，还是魏国邺城重要的水源，邺城在后来的魏晋时期，作为重要的政治和经济中心长达600多年。

战国末年，秦国修建了第一座灌溉工程郑国渠，并在长江上游岷江上修建了都江堰，二者是这个时代标志性的水利工程，是后来秦一统天下、建立秦王朝的重要根据地，并持续影响中国灌溉工程建设2 000多年。

随后的汉朝时期，郑国渠、都江堰都获得长足的发展，并且其他灌溉工程发展迅速，发明了灌渠上的闸门、输水隧洞等。东汉的班固在《汉书·沟洫志》中记述了汉朝自汉武帝黄河堵口以后朝廷上下“争言水利”以及灌溉工程的建设情况。东汉末年，由于战争，大量人口南迁，科学技术也随之传至黄河以南，是南方水利工程的开创时期。

汉朝以后的地方割据时期，用于粮食加工的水磨、水碾等水力机械，用于灌溉和排水的筒车及小型机具等开始进入皇亲势族的庄园。唐朝，是中国古代文明辉煌的朝代，灌排工程进入持续发展阶段。唐《水部式》、宋《农田水利约束》为代表的国家水法的颁行，标志着中国古代水利行政管理进入了成熟期。唐宋间繁荣的商业和发达的农业使水力加工和水力提灌机械得以广泛应用，水磨、水碾、水纺车和水力筒车进入寻常百姓家庭。

元、明、清时期，中国灌溉工程发展很快，因地制宜地建造了许多具有鲜明时代和地域特点的灌溉工程，如新疆的坎儿井、台湾的山区河流引水灌溉工程。

清康熙年间，灌溉工程发展更为迅速，粮食产区大大扩展，即使在干旱的西北和寒冷的东北也有粮食生产，并创造出“湖广熟，天下足”的区域农业。

（2）外来影响阶段

1840年鸦片战争以后，中国沦为一个半封建半殖民地国家，中国水利灌溉开始受西方发达的灌溉工程、灌水技术、水管理与法规制度的冲击。同时，中国的一些先进理念也不断进入西方科学家的视野，东西文化和技术实现了部分嫁接与融合。20世纪前期，一些有识之士开始向西方学习先进的水利科学，以李仪祉为代表的一大批受中西文化和技术熏陶的知识分子极大地推动了水利和灌溉事业的发展。提出了引泾、兴修陕北水利、建设关中“八惠”等，开创了现代水利史上光辉灿烂的一页。

（3）快速发展阶段

农业是我国国民经济和社会稳定发展的基础，吃饭问题是13亿人口大国的头等大事，我国农业高度依赖灌溉，农田水利关系着粮食和民生，灌溉区的粮食平均产量是全国平均的1.8倍，是旱地的2.9倍，而且产量稳定，持续生产能力强。自1949年新中国成立后，国家把水利建设作为发展农业的根本保证，提出了水利是农业的命脉，采取了一系列政策和措施促进灌溉事业发展，先后建成了数千万计的蓄水、引水、提水等各类灌溉工程，几十年间增加的农田灌溉面积超过了以前数千年的总和。

至2011年，我国农田有效灌溉面积已发展到9.25亿亩，用占世界6%的淡水、9%的耕地，解决了占世界21%人口的吃饭问题。其中水利建设起了关键作用，是粮食生产的坚固基石，灌区占全国耕地面积的49%，却生产了全国粮食总量的75%、棉花和蔬菜等经济作物总量的90%以上。保障国家粮食安全的核心在灌区，关键在水利。新中国成立以来，我国农田水利事业发展可划分为两个阶段。

第一阶段，农村集体经济时期。新中国成立初期，农业生产迫切要求尽快修复、兴建水利工程，国家高度重视水利建设，群众的参与积极性很高，全国掀起农田水利建设的高潮。到1980年前后，基本形成了遍布全国多数农村的以中小型水库、机井（水塘）以及灌溉渠网为主的水利基础设施体系。据水利部1980年资料，新中国成立30年间，全国整修和扩建了16.5万千米堤防，开辟了海河和黄河的排洪出路；兴建水库8.6万座，机井220万眼，667公顷以上灌区5 200多处，全国有效灌溉面积大幅增加，我国农田水利系统基本建成。

第二阶段，20世纪90年代以后。十一届三中全会后，我国的农业发展进入一个新阶段，农业实行家庭联产承包责任制。在改革开放前期，由于这种分散经营模式，致使农田水利设施长期疏于管理，年久失修，严重影响了农业发展。2000年后，我国开始农村税费改革，农田水利建设由农民负担为重要筹资筹劳渠道向市场化和自治化方向发展，积极发挥民间资本的作用，农田水利条件在恢复中明显改善。同时，国家投入大量人力、物力和财力，在更高层次上修建防洪、排涝、灌溉等工程设施，包括水利枢纽工程，如长江三峡水利枢纽工程、黄河小浪底水利枢纽工程等；河湖治理工程，如淮河流域综合治理工程、太湖流域综合治理工程等；引水及灌溉工程，如南水北调、引滦入津等。2011 年，中央一号文件《中共中央国务院关于加快水利改革发展的决定》的发布，标志着我国农田水利政策的重大转折，把农田水利建设提升到国家粮食安全的战略高度，实施粮食安全取向的农田水利政策，发挥政府在水利建设中的主导作用，将水利作为公共财政投入的重点领域，农田水利建设又迎来了新的建设和发展机遇。

3.2.2 灌溉技术发展

灌溉工程及灌溉面积大力发展的同时，灌溉技术也有了很大进步，特别是灌溉工具和机械方面的发明，成就非常突出。

我国农业灌溉有悠久的历史，首先是水车的推广与改进。水车始于隋，盛于唐，唐朝的水车已经发明了脚踏和牛转水车，并且还远传到日本。此外，唐朝还发明了水轮，用于自动提水灌溉。宋朝的精耕细作水平进一步提高，灌溉事业发展很快，促进了水车等灌溉工具的普及，并发明了水转翻车、高转筒车等新工具，极大地推动了灌溉事业的发展。到了元明清时代，农田水利工程更加细致，有了较规范化的灌溉技术和管理制度。鸦片战争后，西方传入的水利科学技术，促进了一些新型灌区的兴建和灌溉科学试验的开展，推动了灌溉技术的进步。

以现代节水农业的理念去看古文明时代的灌溉工具，它们只是在输水技术方面做了改进，并未在狭义的灌溉技术，即地表湿润方式上有大的创新和进步。直至现在，传统的旱田大水漫灌、水田串畦淹灌等还是主要的灌溉方式，不但浪费了水资源，还影响着作物产量提高。

20 世纪 50 年代，我国开始大批灌溉试验站建设，开展灌溉制度与节水技术研究，开始了按照作物需水量灌溉；开发新水源，扩大灌区面积，并加强了灌区管理与科学配水；健全渠系建设，平整土地以利于灌水；同时，从国外引进先进的节水灌溉技术与设备，如喷灌，这时期推广应用的主要是柴油机和电动机带动的小型喷灌机。

20 世纪 80 年代，随着农业用水的紧缺，特别是北方一些地区水资源明显减少，各种农业节水工程技术逐步得到了重视和应用，加强了渠道防渗，对泵站机井进行了节水改造，重点推广了低压管道输水，并在较大范围内进行了喷灌、微灌和微喷灌等技术灌溉技术的试点和示范，这时期渠道防渗和低压管道输水有了较大发展，喷灌、微灌面积也有一定扩大。

20世纪90年代以后，随着工农业的发展，农业用水形势日益严峻，群众对节水灌溉的认识不断提高，节水灌溉面积迅速增加，灌溉事业迅猛发展。特别是微灌技术发展很快，国内厂家纷纷引进国外先进的微灌设备生产线，国外厂家也直接到中国抢占我国的微灌市场，极大地推动了我国节水灌溉事业的发展。

3.2.3 地面灌溉

地面灌溉为最简单、最古老的灌溉技术。目前，我国灌溉面积的95%以上仍然采用不同方式的地面灌溉，其实不仅在我国等发展中国家，而且在发达国家，地面灌溉依然是主要的灌溉方式，美国至今仍有近50%的灌溉面积为地面灌溉。传统的地面灌溉包括漫灌、畦灌、沟灌、格田灌溉等。

地面灌溉的优点是不需特殊设备，方法简便，费用低，但是管理粗放。地面灌溉时，水流边向前推进，边向土壤中下渗，加之蒸发面大所占比例大，水资源利用效率低，浪费严重；同时，易抬高地下水位，发生次生盐碱化，引起地表板结。

随着土地流转和规模化经营的发展，大型农机具和计算机控制技术在农业中逐渐应用，为改进地面灌溉提供了有力的工具，促成了先进的地面灌溉技术，如波涌灌溉、水平畦灌、闸管灌溉等在农田灌溉中的应用，使地面灌溉的均匀度和效率有了大的提升，取得了显著的节水效果。

（1）漫灌

漫灌就是在田间不开沟、不打畦、不做埂，任水四处漫流的灌溉方法。是最粗放和原始的方法，水资源和土壤养分浪费严重，地表易板结并发生次生盐碱化。其唯一的优点就是在盐碱地区可淋洗盐碱。大水漫灌在我国已基本被淘汰。但在先进发达国家，在地面极度平整的条件下，仍有较大面积应用。

（2）畦灌

畦灌是在平整土地的基础上，通过打埂，把田块分割成若干个小畦，小畦可以是任意形状，一般为长方形或正方形，畦田大小一般因灌水流量和土壤特性确定。灌溉时，把水放入畦中，水流沿畦田坡度向前移动，边流边渗边湿润土壤，主要适用于密植作物或撒播作物，如我国北方冬小麦大多采用这种方式。

我国畦灌技术与发达国家的主要区别在于两方面，首先，在平整土地上，国外发达国家通常采用激光平地技术，平地质量较高，而我国大面积采用常规机械设备，土地平整度上与发达国家有较大差距；第二，在入地流量方面，发达国家有较完备的输配水设备，入地流量一般较大，能保证灌溉的均匀度，而我国由于受灌区机井出水量和田间输配水设备的限制，入地流量普遍较小，难以保证灌溉质量和流量标准。要提高畦灌质量，关键是提高灌水均匀度，应考虑以下几个方面：

1）平地平整度。要求地面坡度最好在0.3%以下，最大不能超过2%。坡度大，易冲刷土壤，引起水土流失，坡度小，水流速度慢，均匀度差。坡度符合要求，可以沿地面坡度方向做畦，叫顺畦；若整地质量差，坡度大，沿等高线做畦，叫横畦。在水流方向上，减少不平整程度，消除局部倒坡或反坡，提高水流的推进速度；在垂直水流方向上，要达到无坡状态，确保水流不会横向扩散，提高均匀一致性。

2）畦田规格。主要包括长度、宽度和畦埂高度等。

A. 长度。与地面坡度、土壤特性及入畦流量有关。如坡度小、土壤持水性弱、入畦流量小，畦易短；反之，宜长。当然，畦越长，对土地平整度要求越高，灌水定额也就越大。一般渠灌区不超过70米，井灌区不超过30米。

B. 宽度。土壤持水性弱、坡度大时，畦宽宜小；反之，宜大。同时，还应该考虑农业机械的宽度，如播种机、收获机等，一般为农机具宽度的整倍数。畦越宽，灌水定额越大，灌水质量越难掌握。

C. 畦埂高度。以灌水不横流为原则，一般高为25～30厘米，底宽30～35厘米。

3）入畦流量。适宜的入畦流量对提高灌溉质量非常重要，适宜的流量不冲刷地表，畦首、尾灌水均匀，根系活动层内土壤湿度相近。流量过大，易冲刷地表，并且畦首灌水不足，畦尾灌水偏多，灌水不均；流量过小，畦首渗水多，畦尾灌水少，甚至出现畦尾灌不上水等现象。一般黏土地流量小些，沙土地流量可大些。

另外，还需把握好改畦时间。以上一畦灌匀、不积水、不横流为准。

（3）沟灌

在作物行间开沟，灌溉水顺沟向前推进，并借助重力和毛细管作用浸透湿润土壤的灌水方法，称为沟灌。实施沟灌技术的前提是要在作物行间开挖灌水沟，此项工作量较大，现在一般借助机械在播种前或随播种一次性完成。沟灌是我国地面灌溉中较好的灌水方法，其广泛适应于宽行距的中耕作物，如棉花、玉米、甘薯等。

1）沟灌的优点。沟灌的优点主要体现在以下 8 个方面。第一，不破坏根区土壤结构，可保持根部土壤疏松、通气良好；第二，不会引起严重的地表板结，减少水分深层渗漏和养分淋失；第三，可以利用灌水沟汇集地面径流，提高降雨利用效率；第四，在多雨季节，可以利用灌水沟排水防涝；第五，沟灌属于局部灌溉，能减少棵间蒸发量，利于保墒；第六，开沟时还兼有培土作用，防止作物倒伏；第七，便于实施分根交替灌溉；第八，相对于漫灌和畦灌，节水节能。

2）沟灌的类型。沟灌主要分为两种类型。

A. 细流沟灌。灌溉水在沟中边流边渗，灌完后沟尾不封闭，沟内不留积水。主要适用于坡度较大，土壤渗透性好的田块。

B. 蓄水沟灌。灌水沟较深，灌后沟尾封闭，沟中留有水层。主要适应于地势平坦，土壤渗透性差的田块。

3）沟灌的技术要素。

A. 灌水沟的方向。灌水沟的方向一般与作物种植方向一致。

B. 灌水沟的间距。也就是沟距，为了使灌水均匀，灌水沟的间距应使土壤的湿润范围相互连接，因此在渗透性能较好的轻质土壤上，灌水沟间距应窄，在渗透性较差的重质土壤上，灌水沟间距应宽。此外，为了保证开挖灌水沟不影响作物种植，灌水沟间距还应该尽可能与作物的行距相一致。所以，在实际中，应综合考虑土壤特性和作物行距要求，适当调整灌水沟间距。

C. 灌水沟的长度。在允许的情况下，灌水沟的长度可以与作物种植长度相一致，但是灌水沟的最大长度与土壤的透水性和地面坡度有密切关系。地面坡度小、土壤透水性弱的地块，灌水沟可以适当长些；地面坡度大，土壤透水性好的地块，灌水沟应适当缩短。

D. 灌水沟的断面。灌水沟的断面一般为梯形或三角形，深度与宽度应依据土壤类型、地面坡度以及作物的种类等确定。小水浅灌多采用三角形断面；灌水量较大时多采用梯形断面。

E. 入沟流量。取决于地面坡度及土壤透水性，坡度小，透水性强，入沟流量要大些；反之，要小些。

（4）格田灌溉

格田灌溉是先在田间建造格田，即四周围埂，之后实施灌水的灌溉方法。这种方法主要适应于水稻等水生作物，另外也适应于盐碱地冲洗改良。

格田灌溉主要有两种类型，串灌格田和单灌格田。串灌格田是指格田与格田互相联通，共用一个进水口和出水口。单灌格田指每个格田都有独立的进水口和出水口，便于每个格田独立控水。

格田灌溉最主要要求田面平整，坡度应控制在1%以下。格田通常为长方形，埂高30~40厘米；面积视地形和土质而定，地形平整度差、土壤渗透性强，面积应小，地形平整度高、土壤渗透性弱，面积可适当大些，一般2~5亩。

3.2.4 改良的地面灌溉

尽管我国农业取得了举世瞩目的成就，但不可否认，现阶段我国农业基础依然薄弱，加之我国地域辽阔、地形复杂多样，农业灌溉面积的90%以上仍依赖于地面灌溉。由于我国地面平整和灌溉技术落后，田间灌溉工程不完善，管理粗放等原因，致使我国地面灌溉的水分利用效率较低。通过大面积应用改良的地面灌溉技术，可减少灌溉过程中的损失，缓解农业用水的供需矛盾，对于促进我国灌溉农业的可持续发展具有重要的现实意义，并为我国传统农业向现代化农业转变奠定基础。

（1）改良的地面灌溉特征

传统灌溉的主要不足是无法对灌溉过程进行准确控制，虽然可以控制灌水总量，但是灌溉水在田间的分布却难以控制，并由此造成灌溉质量较差。改良的地面灌溉技术主要表现出以下技术特征：

1）高精度平地技术是高质量地面灌溉的基础。农田水利工程建设中，土地平整是一项极其重要的基础性工作，只有高质量的平整土地，才能有高质量的地面灌溉、精量播种、精量施肥等。激光控制平地技术可以实现高质量平地，效果非常好，在发达国家普遍应用。

2）应用实时反馈技术提高对灌溉过程的控制。地面灌溉水流在田间的运动扩散过程非常复杂，如能对其运动过程进行实时监控和控制，将会极大地提高地面灌溉质量。随着计算机技术的发展，应用实时反馈技术对地面灌溉水流过程进行监控，反求出适宜的控制参数，制订高效的地面灌溉方案，从而实现对地面灌溉的精细控制，提高灌溉质量。

3）应用高效的地面灌溉技术和设备，提高地面灌溉的自动化水平。比如水平畦田灌溉、波涌灌溉等先进的地面灌溉技术，不仅提高了地面灌溉的自动化水平，而且实现了节水节能。

4）制订合理的灌溉方案。采用地面灌溉技术很难实现小定额灌溉，因此要制订适宜的灌溉方案，加强对灌溉过程的控制。

（2）改良的畦灌技术

改良的畦灌技术主要是指“长畦改短畦，宽畦改窄畦，大畦改小畦”。改进的畦灌技术具有以下优点：

1）节约水量、易于实现小定额灌水。试验表明，灌水定额随畦长的增加而增大。

2）灌水均匀，浇地质量高。由于畦块小，水流比较集中，水量易于控制，入渗比较均匀，可克服高处浇不上、低处水汪汪的不良现象。

3）防止深层渗漏，提高田间水的有效利用率。小畦灌深层渗漏量小，可防止灌区地下水位上升，预防土壤沼泽化和盐碱化发生。

4）减轻土壤冲刷，减少土壤养分淋失。

（3）波涌灌溉

1）波涌灌溉的概念。波涌灌溉，又称间歇灌溉、涌流灌溉，是采用大流量、快速推进、间断地向沟（畦）放水的灌水方式。与传统沟、畦灌溉相比，在理念和运行方式上有了重大改进，是一种新型地面灌溉技术。

波涌灌溉水流不同于传统连续灌溉一次湿润土壤，而是分段地把灌水由首段推进至末端，在一个灌水过程中包括几个间歇供水周期。波涌灌溉停水期间地表就会形成一个光滑的致密层，土壤这种表面边界的变化使地面粗糙率和水分下渗率降低，有助于水流快速向前推进，有利于提高灌水效率及均匀度，灌溉质量显著改善。

2）波涌灌溉的构成。波涌灌溉系统由水源、波涌阀、控制器和输配水管道等部分组成。波涌阀是铝合金材质，控制器和阀体的连接口是工业化标准建材，具有防水防尘功能。由于波涌阀采用的是左右双阀，可以实现交替供水，灌溉结束后，波涌阀自动关闭左右阀门，切断水源，避免水资源浪费，全过程都是由控制器自动完成。

3）波涌灌溉的优点。

A. 节水效果好。节水效果与沟畦规格、土壤质地等因素有关。一般情况下波涌灌溉与连续灌溉相比，可节约用水 15% ~30% 。

B. 灌溉时间短。波涌灌溉采用大流量快速推进，水流速度快，灌溉期缩短，节省时间。

C. 解决了长畦灌水难。由于短畦占地、费工，所以在许多灌区沟畦比较长，最长的有近 400 米，若采用连续灌溉，灌溉时间长，田间深层渗漏严重。而采用波涌灌溉，可以缓解或解决这一问题。

D. 灌水均匀、保肥效果好。缩小了畦首、尾入渗量的差距，灌水均匀。深层渗漏减少，肥料淋失量降低，使大部分肥料保持在根层内。

波涌灌溉如能结合沟灌，其优点会得到充分发挥。

4）波涌灌溉的技术要点。

A. 周期、周期数和循环率。一次放水和停水的过程为一个周期；完成波涌灌溉全过程需要的周期数量为周期数。放水时间与周期时间之比为循环率。一般 200 米以下的沟畦以 2 ~3 个周期为宜；周期数少均匀度低，周期数多效果增加亦不明显。循环率一般掌握在 1/3 ~1/2。

B. 放水时间。波涌灌溉的放水时间应取连续灌水时间的65% ~90%。

C. 放水流量。具体根据水源、灌溉季节、土壤质地、田面平整情况等确定。放水流量大，流速快，节省时间和水量，但不能冲刷土壤。

（4）闸管灌溉

闸管灌溉是利用在田间可以自由移动的管道，在管道一侧安装有许多小型阀门，水流通过这些阀门流入畦或沟的灌溉方式。闸门的间距一般与畦沟的间距一致，其开度可以调节，以便控制流量。

根据管道制作材料的不同，可以将闸管分为柔性闸管系统和硬性闸管系统。由于柔性闸管造价低、使用方便，我国闸管灌溉系统普遍使用。在实践中，田间闸管可替代毛渠起到田间输配水的作用，还可以通过闸阀控制，调配入畦（沟）流量。

实践表明，田间闸灌可有效控制灌溉，灌溉水利用率达80%，比漫灌节水30% ~40%，且具有降低劳动强度、减少田间渠埂占地等优点，适应我国大田作物节水灌溉的需要。

（5）膜上灌溉

膜上灌溉是在地膜栽培的基础上，灌溉水在地膜上流动，利用自身重力，从放苗孔慢慢流到作物根部土壤的灌溉方法。该方法是20世纪80年代在我国新疆地区，结合棉花地膜覆盖而发展起来的一种新型地面节水灌溉技术，该方法首先在棉花上应用，后发展到玉米、小麦等作物上，现在我国西北地区大面积推广应用，取得了显著的生态、社会和经济效益。

膜上灌溉通过地膜上的放苗孔（灌水孔）灌溉，以侧渗方式湿润膜下土壤实现灌溉，属于局部灌溉，大大防止了灌溉水的深层渗漏，并减少了棵间蒸发，水分利用率和利用效率显著提高，与玉米、棉花的常规沟灌相比，省水40% ~60%，增产效果明显。

膜上灌溉的灌溉定额、灌水强度等类似滴灌，但膜上灌溉投资很少。膜上灌溉可根据作物对水分的不同需求，通过调整放苗孔（灌水孔）的密度和孔径，来解决灌水强度和不均匀问题。

凡是地膜栽培的地方都可以采用膜上灌溉，但更适宜于在地势高、易板结、气温低的地区推广。实施膜上灌溉需要借助机械把施肥、铺膜、打埂、打孔、播种等工作一次完成，因此，配套农机具是膜上灌溉技术推广的关键。

1）膜上灌溉的基本形式。膜上灌溉是改良的地面灌溉，其基本形式仍然以沟灌、畦灌等技术为主。其在田间的实施形式主要有两种：第一，做畦膜上灌溉，首先要在田间如畦灌般做畦，之后将地膜铺在畦内，灌水时水在膜上流动，通过放苗孔或灌水孔流入畦田土壤，并借助侧渗湿润整个根区，如棉花膜上灌基本就是这种形式。第二，沟内膜上灌，首先在田间如沟灌般开沟，在沟底、沟坡以及部分垄背上铺农膜，作物种在沟坡或垄背上，水由放苗孔或渗水孔流入土壤，湿润耕层，如小麦垄膜沟种涌泉灌溉。

2）膜上灌溉的好处。

A. 节水。灌溉水的利用效率明显提高。

B. 集雨。降雨时薄膜能将雨水汇集于作物根部，将无效的小雨变成有效的降雨，降水利用率提高 10% ~20%。

C. 保墒。减少了棵间水分蒸发。

D. 增温。覆膜后，土壤温度明显提高。

3）膜上灌溉需要注意的问题。

A. 膜上灌溉属于低定额局部灌溉，要注意满足作物的水分需求，特别是作物中后期需水较多，应适时增打灌水孔。

B. 地膜覆盖后，后期施肥不便，要对作物施肥方案适当调整，增施底肥或种肥。

C. 播种前要喷除草剂，减少后期除草的不便。

D. 作物收获后，残膜应及时妥善处理，避免污染农业生态环境。

3.3 喷灌的出现与发展

喷灌，意为喷洒灌溉，是利用水泵加压或自然落差压力将水通过管道输送田间，再经喷头喷到空中，形成类似降雨的细小水滴，均匀落下湿润土壤的一种先进灌水方法。

从世界范围看，虽然地面灌溉还是灌溉的主要形式，但喷灌呈现蓬勃发展的态势，特别是在欧美等发达国家发展更快，其中美国、俄罗斯、英国、德国、丹麦等喷灌面积比例较大。我国从20世纪50年代开始引进喷灌技术，并大面积推广应用，但我国目前喷灌面积仍只占有效灌溉面积的2%左右，远远低于以色列和美国等发达国家水平。引进国外先进技术，并结合我国实际情况消化吸收，构建具有中国特色的喷灌技术对我国农业节水非常重要。

3.3.1 喷灌的出现

人类为了生存，在与自然界漫长的斗争过程中，学会了拦河蓄水、建渠引水、开畦灌溉等农田水利技术，保证了人类生存最基本的物质供给。进入20世纪以来，由于人口增多，迫切要求有更多的粮食供应，同时由于工业发展，非农业用水的比例大幅增加，在这种历史背景下，如何节约农业用水、提高灌溉水的利用效率是迫切需要解决的重大历史和现实问题。

1894年，美国人查尔斯·斯凯纳发明了非常简单的喷水系统，开创了人类利用机械设施节水灌溉的先河。1933年，美国加州的农民澳滕·英格哈特发明了摇臂喷头，并对以后农业节水灌溉起了革命性的推动作用。采用摇臂喷头灌溉，水分利用率比漫灌提高50%以上。

第二次世界大战后，美国的技术、经济发展迅速，以皮尔斯为代表的灌溉企业制造出了半固定及固定式喷灌系统，使喷灌的大面积应用成为可能。半固定式喷灌系统造价低，对田间耕作无影响，但是人工搬运劳动量大；固定式喷灌系统劳动强度小，但造价高、影响田间耕作。

20世纪30年代后期，哈里·法里斯通发明了喷灌机，并投入使用。这种机械充分利用了半固定式喷灌系统造价低的优点，利用小功率汽油机驱动，劳动强度大大降低。

20世纪50年代以后，美国的经济快速发展，劳务成本迅速上升，迫切需要比喷灌机劳动强度还要低的机械。1952年，美国科罗拉多州的农民弗兰克发明了水力驱动的喷灌机具，称中心支轴式喷灌机。这种机械配合使用摇臂喷头，自动化程度明显提高，劳务成本显著下降，但这种灌溉系统占用土地，使土地利用率降低。由于其自动化程度高、地形适应性强，60 年代后，在地广人稀、地势不平的美国中部广泛应用。70 年代，中心支轴式喷灌机的喷头改为更节能的低压微喷头，此后，水力驱动也改为电力驱动。在美国的灌溉面积中超过 30% 是采用这种中心支轴式灌溉机。后来为了提高土地利用效率，又推出了平移式喷灌机，但是因其成本高、能耗大、维修麻烦等，并没有太多应用。另外，还有一种流行于欧洲的卷盘式喷灌机，其源于法国，适合于中、小农场。其灵活、方便、劳务成本低，但是能耗高，灌溉均匀度差，喷水压力大，对作物和土壤的破坏作用较大。

3.3.2 喷灌的优缺点

（1）喷灌的优点

1）节水。

A. 可控制水量，喷水均匀度较高，避免了地表径流和深层渗漏损失。

B. 喷灌用专门的管道输水，在输水过程中，几乎没有漏水和渗水损失现象，水利用系数高。

C. 可根据作物需水规律和土壤质地确定适宜的灌水定额，减少了作物无效蒸腾，相同产量只要较少的灌溉水量，水分生产效率高。

实践表明：一般土质，喷灌可节水 30% ~50%；保水能力差的土质，可节水 70% 以上，节水效益相当可观。

2）省工。

A. 喷灌可实现高度的机械化，尤其是采用自动控制的大型喷灌机，可节省大量劳动力。

B. 减少田间劳动量，取消了田间输水毛渠、畦田的田埂等修建。

C. 可综合利用，结合喷灌可施入化肥和农药，减少了施肥和喷洒农药的劳动量。据统计，在相同的生产条件下，喷灌所需的劳动量仅为地面灌溉的 50%。

3）省地。喷灌时用管道输水，无需渠道和畦埂，土地利用率高，一般可增加耕地 7% ~10%。

4）保土。通过调整喷灌强度，不破坏土壤结构，不产生地面径流，避免了表土流失。

5）适应性强。

A. 适应各种粮食作物、经济作物。

B. 适应于大田、温室、农场、运动场、牧场、景观灯各种场所。

C. 适应于沙土、壤土、黏土、沙漠等各种类型土壤。

D. 适应于平原、山区等各种地形，如山区、丘陵采用喷灌，还可以减少人造梯田费用。

6）增产。

A. 喷灌可采用小定额灌溉，便于严格控制土壤水分，作物根区供水充分，有利于作物生长。

B. 对耕作层土壤不产生机械破坏作用，保持了土壤正常的团粒结构，土壤疏松、多孔、通气性好，有利于提高土壤肥力。

C. 调节田间小气候，增加近地层的空气湿度，为作物创造了良好的生长发育条件。

D. 能冲洗掉作物茎叶上的尘土，有利于作物光合作用。

E. 喷灌可防止或减轻灾害性天气对作物的影响。例如，干热风发生时，喷灌可提高空气湿度，降低气温。一般粮食作物可增产10%～20%，经济作物增产20%～30%。

（2）喷灌的缺点

1）喷灌受风的影响大。一般风力大于3级时不宜喷灌。对于灌溉季节多风的地区在设备选择时应充分考虑风的影响，如难以解决，应考虑采用其他灌溉方法。

2）喷洒时，在空中蒸发损失大，特别是在空气干燥的时候。且对水质要求较高，含沙量不宜超过5%。

3）设备投资高。喷灌工作压力大，因而设备投资较高。这也是当前制约喷灌发展的主要因素。

4）能耗大。喷灌需要较高的压力，耗能大，在能源紧张的情况下，其发展受到限制。

（3）喷灌的适应范围

喷灌的适应范围很广，适应于不同土质、不同地形、不同作物，但是一般优先用于连片种植、集中管理的作物；地形起伏大、土壤透水性强、采用地面灌溉困难的地方；水源有足够自然落差，适合修建自压喷灌的地方；灌溉季节风小的地区。

3.3.3 喷灌系统的组成与分类

（1）喷灌机具

喷灌机具按功能主要分为：

1）喷洒设备。主要是喷头。

2）增压设备。主要是水泵或其他动力设备。

3）输水设备。主要是管道及其附件，如接头、三通、阀门、堵头等。

4）移动设备。主要是动力传动设备、行走设备。

5）测量设备。主要是水表、压力表、流量计等。

6）控制设备。主要是压力调节、流量调节、安全防护等设施。

一套完整的喷灌设备不一定包括以上全部机具，如简单的喷灌只需要有喷头、增压设备、输水设备即可。

（2）喷灌系统组成

喷灌系统是指把水源、喷灌机具和田间工程结合起来，能将灌溉水从水源地输送、并均匀喷洒到农田，满足作物水分需求的相对独立的一整套水利设施。由水源（包括水泵与动力）、输水系统（管道和田间工程）、喷灌装置（喷头）三部分组成。

1）水源。水源是喷灌首先要解决的问题，只要符合要求的水源都可用于喷灌。第一，水量满足灌溉需求；第二，水质符合灌溉用水标准（《农田灌溉水质标准》GB 5084—2005）；此外，在山区或有较大地形变化时，尽量采用自压喷灌，在制高点修建水池。

2）水泵。常用离心泵，还有喷灌配套专用泵。

3）动力。常用的有电动机、柴油机、小型拖拉机等。

4）田间工程。主要有田间沟渠、道路等。

5）管道系统。分为干管、支管、分支管等。

6）喷灌装置。主要是喷头。

7）喷灌机。由喷头、水泵、动力、输水管道和移动设备组成的整套喷灌机械，根据移动方式不同，分为人工移动式、机械移动式和自动行走式；根据动力大小分为轻型（2~4.5千瓦）、小型（7.5~9千瓦）、中型（20~30千瓦）、大型（40千瓦以上）的喷灌机。

（3）喷灌系统的分类

按系统获得压力方式的不同，可分为机压和自压喷灌系统；按系统设备组成可分为管道式和机组式喷灌系统。

1）机压和自压喷灌系统。机压喷灌系统是通过水泵等机械加压，主要缺点是消耗能源；自压喷灌系统是通过地形的自然高度差获得压力，多建在山地、丘陵地区。

2）管道式和机组式喷灌系统。

管道式喷灌系统以管道为主要材料的灌溉系统。分为固定式、半固定式和移动式三种。

A. 固定式。除喷头外，其他组件在整个灌溉季节，甚至常年都固定不动。泵站、干管和支管均埋入地下。固定式灌溉系统使用方便，易于管理，生产效率高，运行费用低，工程占地少。但是投资大，设备利用率低，固定在田间的竖管对机械作业有一定妨碍。

B. 半固定式。喷头和支管是移动的，泵站和干管是固定的。与固定式相比，设备利用率较高，投资也较少。

C. 移动式。除水源外，泵站、管道和喷头都是可移动的。移动式喷灌系统设备利用率最高，投资也最少，一套设备可以在不同地块上轮流使用，但是劳动强度较大。

机组式喷灌系统主要以喷灌机为主要设备。喷灌机由工业化生产完成，配套完整，便于移动，设备利用效率高。机组喷灌系统必须与水源和配套的供水设备组装才能正常工作，对田间的平整度要求较高，在农业机械化程度高的地区可采用这种系统。机组式喷灌系统分为绞盘式、时针式、平移式等。

3.3.4 喷灌的技术要素

农业生产中，对喷灌有三方面具体要求。第一，喷灌强度应小于土壤的入渗强度，避免造成地表积水和径流，特别在山地丘陵地区，应避免对表土冲刷，造成水土流失。第二，喷灌要均匀，使所有作物都能获得充足水分。第三，喷头打出的水滴对作物叶片和土壤的打击伤害要小或没有，以免作物受伤造成减产。是否满足以上要求主要用喷灌强度、喷灌均匀度及水滴打击强度等参数来衡量，这三个指标也是喷灌质量和设计喷灌系统的主要依据，只有这三项指标都符合要求，才能达到喷灌的省水、增产、保土、保肥效果。

（1）喷灌强度

喷灌强度是指单位时间内通过喷头喷洒降落在单位土地面积上的水量。喷灌强度与降雨强度类似，常用毫米/时表示。

（2）喷灌均匀度

喷灌均匀度是指喷灌水量在喷洒面积上分布的均匀程度。相关研究和实践证实，在满足灌水定额的前提下，喷灌均匀度与作物的产量密切相关，因此，喷灌均匀度是衡量喷灌质量的重要指标。主要用均匀系数 C_u 表示。

$$C_u = \left(1 - \frac{\Delta h}{\bar{h}}\right) \times 100\%$$

式中 $\bar{h}$——各测点喷洒水深平均值（毫米）；

Δh——各测点喷洒水深的平均差（毫米）。

在规定的设计风速条件下，均匀系数 C_u 不应低于75%。

影响喷灌均匀度的因素主要有：系统的布置方式、喷头组合间距、喷头的水力性能、地面平整度、风速风向。

（3）水滴打击强度

水滴打击强度是指单位受水面积内，水滴对土壤或作物的打击动能。水滴打击强度与水滴的大小、降落速度及密集程度有关。水滴打击强度大，容易破坏土壤表层团粒结构，甚至会打伤作物，影响作物产量。目前，尚无准确估算的量化指标，通常以雾化程度（ρ_d）来近似表示：

$$\rho_d = H/d$$

式中　H——喷头工作压力，以射程（米）计；

d——喷嘴直径（米）。

H 越大，雾化程度越高，打击强度低；d 越大，雾化程度越低，打击强度大。

3.3.5　特殊喷灌——“小白龙”

“小白龙”灌溉，就是利用软管输水灌溉，目前在农田灌溉中广泛使用。

“小白龙”是用一种高压聚乙烯吹塑而成、具有一定弹力的薄膜软管，工作时能随地形起伏输水。它的输水能力除取决于断面尺寸之外，还与管内水压有关。在破坏压力之内，压力增大可增加输水流量和输水距离。80% ~90% 的充水度是“小白龙”正常工作状态。

应用“小白龙”灌水，一般先远后近，先高后低。灌水过程中采用脱节分段法，即将田内“小白龙”事先分段，一般每段 6 ~10 米，套起连接，顺水后退脱节进行灌水。

实践证明，与小井配套应用“小白龙”代替渠道输水灌溉，效果明显，具有很多优点：

1）水流速加快。由于管内水流有压力，在相同的地形条件下，比渠道输水快 2 ~3 倍。水泵运行时间缩短，节油节电。

2）避免蒸发渗漏，节约用水。一般地渠的渗漏和蒸发损失占总输水量的 40% 左右，沙性土质达 50% 。管灌可减少水的浪费，提高水分利用率，扩大灌溉面积，还有提高水温的作用。

3）节约用地。用“小白龙”灌溉，不必修田间渠道，1 公顷至少可节约 0. 3 公顷以上的土地。

4）适应性强。“小白龙”可爬坡、越沟、拐弯和穿越池埂。

5）投资少，见效快。一眼小井，灌田 1 公顷，只需 100 米软管投入，并节约用地 0. 3 公顷，种上作物，增加粮食产量。

3.4 微灌技术的出现与发展

微灌是根据作物水分需求，利用专门设备或自然落差加压，通过低压管道末级毛管上的出水口或灌水器，将有压力的水流变成细小的水流或水滴，均匀、适量地直接把水分送到作物根区土壤的灌水方法。微灌是至今最省水、灌水质量最好的灌溉技术，包括滴灌、微喷灌和渗灌。

我国自20世纪70年代引进微灌技术，结合我国实际情况消化、吸收，并大力发展，到2010年，我国微灌面积已达到140万公顷，主要用于果树、蔬菜、花卉及其他经济作物，就不同省份来看，新疆、甘肃的微灌面积较大，占全国微灌面积的70%以上。

进入21世纪以来，淡水资源日益短缺，人类面临的生存压力越来越大，可以预见，灌溉技术将会取得前所未有的发展，微灌技术将会大面积推广，并逐渐向高度自动化和智能化方向发展。

3.4.1 微灌技术的出现

喷灌的发明与推广极大提高了灌溉水的利用效率，但是对于极度缺水和干旱地区，因为喷灌要湿润全部地面，加上喷灌本身的水分蒸发，致使喷灌的节水效果仍不尽如人意，迫切需要更节水的灌溉方式。

20世纪40年代末期，以色列工程师希姆克·伯拉斯首先在英国发明了滴灌技术，之后他把这种技术带回以色列，应用于内格夫沙漠地区的温室灌溉。由于其节水效果好，从20世纪60年代，开始在以色列、美国缺水区广泛推广，主要应用于水果和蔬菜灌溉。

20世纪80年代，相关企业和研究人员开始研究地下滴灌技术，由于其完全没有地表水分蒸发，将滴灌的节水优点发挥到了极致，在澳大利亚、美国等国家和地区，地下滴灌广泛应用于蔬菜灌溉。在我国新疆南部，将滴灌用于铁路防护林灌溉，也取得了良好的效果。

在滴灌发展的同时，许多国家开展了渗灌技术研究。1923年，苏联考尔涅夫提出根据土壤吸水特性的吸力灌溉法，即依靠土壤吸水作用使土壤湿润。在吸力灌溉法的基础上，发明了有压力的渗灌技术，提高了灌水效率。20 世纪 50 年代，我国在河南、陕西等省份开展了田间渗灌试验，用陶土管作为渗水管，20 世纪 70 年代以后，渗灌的研究力量增强，在材料、规划、施工、灌溉制度等方面做了较为系统的研究，极大地推动了渗灌技术在我国的发展。

3.4.2 微灌技术的优缺点

（1）微灌的优点

1）节水。微灌采用管道输水，渗漏和蒸发损失量很少；喷灌水流量小，属于局部灌溉，棵间蒸发量明显降低；没有喷灌的漂移蒸发损失。所以，微灌的水分利用效率高，节约灌溉用水，一般比地面灌溉省水 1/2，比喷灌省水 1/5 以上。

2）微灌局部湿润土壤，不破坏土体结构，灌水质量高。

3）灌溉可结合施肥同时进行，并可根据情况加入除草剂，充分发挥水肥的协同效应，达到高产稳产。

4）对土壤和地形适应性强。微灌系统可控性强，可根据土壤类型灵活调整出水流量。如沙土地微灌，出水流量加大，灌水时间缩短。另外，微灌采用管道输水，适宜于不同地形。

5）节能，节地。微灌系统在低压下运行，比喷灌节能，另外微灌不需要打畦开渠等，占地少。

（2）微灌的缺点

1）易于堵塞。微灌系统的堵塞问题是当前较难解决的重要问题，灌水器一旦堵塞，会使整个微灌系统不能正常工作甚至报废。引起堵塞的原因很多，如泥沙、有机物、化学沉淀物等。所以，微灌对水质要求比较高，至少要过滤，必要时还要做相应的化学处理。

2）盐分积累。如土壤中的盐分过高，会在湿润区边缘积累，可能会引起作物盐害，所以尽量避免在含盐量高的土壤上微灌。

3）限制根系发展。由于微灌属于局部灌溉，加之作物根系的向水性，会引起根系在湿润区聚集，根系发展受限。

4）造价高。微灌系统需要大量管材、灌水器等设备，造价相应较高，目前主要应用于设施农业或高值作物栽培。

3.4.3 微灌系统组成

微灌系统由水源、首部枢纽、输水管道和灌水器四部分组成。

（1）水源

凡是符合微灌对水质要求的河流、湖泊、井泉等，均可作为微灌水源。

（2）首部枢纽

首部枢纽一般由水泵、过滤器、控制器、测量仪表（压力表、水表）等组成。

（3）输水管网

输入管网分为干管、支管和毛管三级，一般为塑料材质，另包括必要的管件。

（4）灌水器

灌水器是微灌系统中最重要的部分。灌水器可将有压力的水流减压变成水滴或细流，从而湿润土壤。常见的有滴头、微喷头、滴灌带、渗灌带等，可放于地表，也可埋入地下。

3.4.4 微灌设备

（1）灌水器

灌水器有滴头、微喷头、滴灌带（管）等多种形式。按其结构和出水形式又可分为滴水式、喷水式、涌泉式等。

1）滴头。滴头可将有压水流减压形成水滴，滴入土壤、湿润根区，常用塑料铸成，可以分为管间式滴头、微管滴头、孔口式滴头、涡流式滴头等。

2）滴灌带。滴头与毛管组成整体，同时具有输水和滴水功能，分为内镶滴灌带和薄壁滴灌带。

3）微喷头。即微型喷头，结构与喷灌喷头基本相同，微喷头的工作压力低，喷洒范围小，分为射流旋转式、折射式、离心式和缝隙式。

（2）管道与管件

管道是微灌的重要组成部分，管材与喷灌基本相同，一般干、支管用硬管，末级管多用半软管。管件用于连接管道，主要有接头、三通、弯头、堵头等。

（3）过滤设备

微灌系统对水质的要求很高，要求水中不能含有造成灌水器堵塞的杂质或污物。一般初级净化有拦污栅、沉淀池等，必要时还需要进行化学或生物处理。

初级净化一般在进水池入口，必要时，在水泵出口还需安装过滤器以进一步净化水质，常用的有旋转式水沙分离器、沙石过滤器、筛网过滤器等。

（4）施肥罐

施肥罐主要用于灌溉同期施肥，减少劳动成本。

（5）控制、测量与保护装置

控制、测量与保护装置主要包括进排气阀、流量调节器、压力调节器、压力表、水表等。

3.4.5 微灌系统分类

按灌水器出水方式，微灌系统可分为滴灌、微喷灌、渗灌等。

（1）滴灌

滴灌是利用专门输水管道，将水从毛管上的孔或滴头，以水滴的形式湿润根区土壤的灌水方法。

滴灌是干旱缺水区最有效的节水灌溉方式之一，水分利用效率高达95%以上，其主要归因于无输水损失，并大大减少了深层渗漏和地表径流，棵间蒸发量非常少。如配合施肥罐，根据作物水肥需求规律进行水肥一体化管理，效果更好。滴灌的适应范围很广，既适应长期种植的高秆作物，又适应于经济作物和温室大棚灌溉，在干旱缺水的地方也可用于大田农作物灌溉，同时对地形、土壤无特殊要求，是发展前景最为广阔的灌溉技术。

以色列是世界上滴灌技术最先进的国家，其温室种植90%以上采用滴灌。我国自20世纪70年代从国外引进滴灌技术，现在已取得了长足发展，特别是镶式滴灌管、压力补偿滴头、滴灌管、薄壁滴灌带先后研制成功，滴灌技术有了大面积推广，而且已经由经济作物转向大田作物，如新疆棉花滴灌面积不断发展，产生了良好的节水增产效果。特别是结合棉花地膜覆盖，还发明了膜下滴灌，在新疆大面积推广，我国也成为世界上大田滴灌节水技术应用面积最大的国家。

滴灌系统按其管道的固定程度，又可分为固定式、半固定式和移动式三种类型，固定式的各级管道和滴头的位置在灌溉季节是固定的，其优点是操作简便、省工、省时，灌水效率高、效果好；半固定式的干、支管固定，毛管可移动；移动式的干、支、毛管均可移动，设备简单，但用工多。

（2）微喷灌

微喷灌是通过低压管道系统，以小的流量将水喷洒到土壤表面进行灌溉的一种灌水方法，是新发展起来的一种喷灌形式。

微喷灌与一般喷灌相比，工作压力低，喷水流量小，省钱节能；喷水高度低、喷水直径小、受风影响小、喷洒均匀；设备轻便、装卸简单、容易移动、利用效率高。与滴灌相比，湿润面积大，可调节田间小气候；流量和出水口较大，减少了管道堵塞。

微喷灌是新型的灌水技术，发挥了喷灌和滴灌的优点，避免了二者短处，是一种理想的灌水形式，加之它在投资、使用方面的优越性，世界各地的微喷灌面积发展迅速。目前，主要用于果树、经济作物、花卉、温室大棚等灌溉。

（3）地下渗灌

地下灌溉是借助工程措施，将灌溉水输入埋在地面以下一定深度的管道，通过缝隙或孔洞渗出，从而湿润土壤的灌水方法。渗灌技术是节水灌溉中最先进的技术之一，适应性强，应用范围广。

1993年，我国从美国引进渗灌技术，并进行示范、推广，取得了良好的效果，并在果树、棉花、粮食作物中有了初步应用。虽然渗灌在我国取得了长足发展，但与发达国家还有很大差距，主要体现在配套适应性设备少、质量差、防堵技术落后等。

1）渗灌作为先进的灌溉技术，有许多优点，主要表现在：

A. 灌水后田面土壤疏松，不破坏土壤结构，土壤不板结。

B. 地表土壤含水量低，地表土壤蒸发量少。

C. 管道埋入地下，少占耕地，便于田间作业。

D. 灌水定额小，水分利用效率高。

E. 因地表水分少，田间杂草和虫害减轻。

F. 渗灌系统压力低，能耗降低，节约能源。

2）渗灌也有缺点，主要表现在：

A. 表土层水分含量低，不利于作物种子发芽和幼苗生长，特别不利于浅根作物生长。

B. 投资高，施工复杂，渗水孔易堵塞，管道堵塞或破坏难以及时发现，维修维护难度大。

C. 易产生深层渗漏，特别对于透水性较强的轻质土壤，渗漏量更大。

3.5　灌溉新理念

新中国成立以来，随着人口的增加和工农业的快速发展，农业用水向非农领域的转移非常明显，农业用水的比重持续降低。1949 年，农业用水比例为 97.1%，到 1980 年、1993 年、1999 年、2012 年其比例分别下降到 88.2%、78.0%、70% 和 61.3%，年均下降 0.59%，也即每 10 年下降接近 6%。

预计到 2030 年，农业用水比重可能降到 60% 以下，我国农业用水形势将更加严峻。在此情况下，相关领域专家开始对农田灌溉开展突破性和创新性研究。逐渐引入非充分灌溉、调亏灌溉及控制性分根交替灌溉等新概念。这些理论的提出和技术的实施，对于提高水分利用效率，推进节水高产型灌溉起到了积极作用，并带来了显著的经济、生态和社会效益。

3.5.1　非充分灌溉

非充分灌溉，又称限额灌溉，是针对水资源的紧缺性与用水效率低下的普遍性而提出的一种新的灌溉技术。当一个地区灌溉水量有限，不能完全满足作物生长发育全过程的需水，就将有限的水合理地安排在对作物产量有重要影响的水分临界期，或者合理地在不同作物间分配。这种模式放弃了追求某一作物的单产最高，允许一定限度的减产，转而追求一个地区的总产量最高，即在水分有限条件下，舍弃部分单产，而追求总产量，力求实现水分利用效率、产量、经济效益的有机统一，这是一个灌区在供水量不足的情况下经常采用的一种灌溉方式。水资源有限地区要想实施非充分灌溉技术，必须做好以下三方面工作：

（1）探明作物的需水规律

首先，要研究作物在不同受旱条件下的需水规律，确定各种作物节水灌溉的适宜控制指标，为非充分灌溉实施技术提供最基本的理论依据。

（2）建立作物水分生产函数

作物水分生产函数就是作物灌溉量和产量之间的关系，是非充分灌溉的直接依据。作物不同生育阶段的需水量不同，对水分的敏感性也不同。作物需水高峰期并不一定是需水关键期，通过系统研究，弄清不同生育阶段的水分敏感性差异，并进行排序，把有限水量放到最关键的生育期，尽可能降低缺水造成的产量损失。

（3）优化灌溉制度

根据作物水分生产函数，优化灌溉定额、制定灌溉制度，指导非充分灌溉实施。为了把有限灌溉水量分配到关键期，获得灌溉水的高利用率和产出率，将非充分灌溉与系统优化分析结合起来，追求作物全生育期产出最大化，优化作物灌溉制度。

3.5.2 调亏灌溉

（1）调亏灌溉的概念

调亏灌溉的概念最早是由澳大利亚持续灌溉研究所于20世纪70年代提出来的。其核心思想是作物受遗传和环境的影响，如果在某一生育阶段给予一定程度的干旱胁迫，自身会激发某些生理生化途径，使生育后期的抗旱能力增强。由于能引发同化物质在器官间的重新分配，作物产量不仅没有降低，反而还有助于提高经济系数，增加产量，同时，还可以改善某些作物的品质，起到节水、优质、高效的作用。生产中常见的有玉米、棉花的蹲苗。

(2) 调亏灌溉与其他灌溉的区别

充分灌溉是在水源可以保证的地区，使作物全生育期的水分需求都得到满足，即作物始终处于最佳的水分状态，再配以其他农业技术，从而获得作物高产。充分灌溉的水分利用效率较低，但单位面积产量最高，只适宜于水源充足的地区。

非充分灌溉是指在水源有限地区，为了追求全地区均衡增产，而采用的一种灌溉技术，是对缺水的被动适应策略。其核心是探明作物不同生育阶段干旱对作物产量的影响，确定不同生育阶段的水分敏感指数，在此基础上，把有限的水量优先保证作物需水临界期供水，减少非临界期灌水。

调亏灌溉与充分灌溉的首要和表面区别是调亏灌溉存在水分亏缺，但二者深层次的区别在于对作物最佳水分状态的不同理解。充分灌溉遵照传统灌溉理论，认为作物每个生育阶段都处于最佳水分状态才最好，而调亏灌溉则认为在作物某个阶段给予一定干旱胁迫，作物产量不会降低甚至还会增加，主要是因为作物干旱后恢复供水可以产生补偿或超补偿效应。调亏灌溉如能和其他适当的农业技术配合使用，作物增产更明显。相关研究表明，全生育期充分供水并不一定是作物高产所需的最佳水分环境。此外，调亏灌溉还可以实现作物品质的改善。

调亏灌溉与非充分灌溉的区别在于调亏灌溉从作物对水分亏缺的生理反应出发，人为主动对作物实施一定程度干旱，以达到高产、优质、节水的最终追求目标。其核心是认为前期对作物进行抗旱锻炼，后期的抗旱能力和水分利用效率可以明显提高。调亏灌溉主动利用干旱胁迫对作物的正面影响，是对传统灌溉的重大突破。

调亏灌溉的主要目的是提高作物水分利用效率，同时具有控制营养器官生长，改善作物品质的作用。由此可见，调亏灌溉是更科学有效的灌溉技术，它紧密结合作物生理特性，充分利用作物旱后复水的补偿效应，发挥干旱胁迫对作物的正面影响，把农业节水技术又推进一步，可以说开辟了一条协调水－土－植物－环境关系的有效途径。

(3) 调亏灌溉的理论依据

调亏灌溉是通过控制土壤水分对根系进行调控，进而调控地上部生长。根是作物的主要器官，地上部需要的水分和矿质营养，绝大部分由根系来供应。根系生长和发育与土壤水分密切相关，对地上部生长和产量的影响非常大。可以通过土壤水分供应，实现对地上部分调控。

作物根和冠相互依赖又相互竞争。在一定环境条件下，根冠比维持在一个稳定数值，这是作物的遗传特性。当环境条件改变时，根冠比就会变化。土壤干旱使作物吸水困难，同化物更多地向根系转移，地上部生长受到抑制，表现在叶片生长慢、叶面积减少等，根冠比增加，这意味着作物蒸腾失水减少，根系吸水增加，以利于缓解干旱影响。

调亏灌溉对叶片气孔的调控也影响叶面蒸腾。土壤水分影响作物叶水势，叶水势可以调节气孔开度，气孔开度又对蒸腾、光合和水分利用产生重要作用。因此，减少作物蒸腾耗水是调亏灌溉的重要内涵。

减少棵间蒸发是调亏灌溉节水的另一重要原因。在调亏期间，土壤含水量较低，土壤表层水分蒸发量很少，水汽通量低，这样作物整个生育期间的棵间蒸发损失水量大大减少，有利于提高水分利用效率。

（4）调亏灌溉指标

调亏灌溉指标包括最佳调亏时期、最佳调亏程度和调亏历时等。需要通过系列试验获取。

1）最佳调亏时期。作物不同的生育阶段对水分的需求和敏感性不同，并不是所有的时期干旱都会产生后期的补偿或超补偿效应。最佳调亏时期就是确定作物哪个生育阶段的干旱复水产生的补偿效应最大。

2）最佳调亏程度。是指实施主动干旱的最佳土壤水分，只有在较合适的土壤干旱处理下，作物才会产生复水补偿或超补偿效应。

3）调亏历时。是指实施最佳土壤水分处理的时间长短。

如在冬小麦上的研究表明，高产节水型调亏灌溉最佳调亏时期是越冬至返青期，最佳调亏程度的土壤相对含水量是40%～55%，调亏历时15天。最终产量比对照增加2.4%～6.1%，节水14.9%～17.8%，水分利用效率提高17.0%～29.8%。

3.5.3 控制性分根交替灌溉

（1）控制性分根交替灌溉的概念

控制性分根交替灌溉是由我国学者最早提出的，是一种全新的农田节水灌溉思路，其理论依据是作物光合、蒸腾与叶片气孔开度的关系，以及旱后根系吸水的超补偿性能。

传统的地面灌溉使作物根区充分且均匀湿润，而控制性分根交替灌溉则强调根系一侧土壤剖面的区域保持干燥，另一侧保持湿润，两侧轮换交替，使作物根系总有一部分处于干燥环境，从而源源不断产生干旱信号，传到地上部叶片以调节气孔保持适宜开度，既保证作物正常光合生产又大量减少叶片奢侈蒸腾失水。同时，不同区域根系的干湿交替锻炼，充分发挥根系吸收的超补偿能力，提高水分、养分的吸收利用效率。此外，农田土壤表面的湿润面积减少，棵间蒸发损失水量大大降低。

有研究表明，将作物生长期间土壤相对含水量控制在55%～65%，实施分根区交替灌溉，用水量可减少34%～36.8%，而作物产量仅下降6%～12%，节水效果非常显著。

（2）控制性分根交替灌溉的理论依据

1）作物光合和蒸腾过程对气孔开度有类似反应，但又有区别。大量研究表明，在一定范围内，作物光合速率随气孔开度的增加而增加，但气孔开度增加到一定程度后，光合速率趋于稳定，没有明显变化。而蒸腾速率随气孔开度的增大一直增加。如能通过施加外力使气孔开度适度变小，作物光合速率几乎不受影响，而作物蒸腾失水量会大大减少，这在理论上是可行的。因此，在保证光合产物积累和产量不降低的前提下实现最大程度节水是可行的。

2）利用根冠通信机制调节气孔开度。研究表明，作物能够感知干旱，并主动调节气孔开度，降低水分消耗，适应干旱环境。局部根区干旱使根区产生缺水信号物质，主要是脱落酸，并迅速传递给地上部叶片，叶片在感知到根系传来的缺水信号后，会马上做出生理生化响应，降低气孔开度，叶片生长趋缓，从而降低蒸腾，适应干旱环境。受干旱胁迫程度越重、时间越长，产生的根源干旱信号物质浓度越大，叶片气孔导度下降越明显。

3）充分发挥根系吸水能力的旱后复水超补偿性能。控制性分根交替灌溉下干燥区的根系经受了抗旱锻炼，激发了根系补偿或超补偿性能，在下次灌水时，具有更强的吸水能力，提高灌溉水利用率。

4）棵间蒸发和深层渗漏损失水量减少。控制性分根交替灌溉下作物耕层总有一部分处于相对干燥状态，棵间地表蒸发量和根区深层渗漏量明显降低。

(3) 控制性分根交替灌溉的田间实施方式

在生产实践中，控制性分根交替灌溉在田间的实施方式主要有隔沟交替灌溉系统、控制性交替滴灌系统、控制性隔管渗灌系统等。其主要适用于宽行距种植的作物。对于密植和均匀种植的大田作物，可采用大水量与小水量交替灌溉。

灌溉技术、特别是节水灌溉技术的发展，不仅关系到我国粮食安全、生态安全和农业现代化进程，更是解决我国水资源供需矛盾、协调各行业间竞争性用水的现实选择，事关整个国民经济可持续发展的全局。尽管当前节水灌溉技术取得了巨大进展，但是灌溉设施的投入与粮食生产较低的比较效益还不匹配，今后将有必要从农业节水设备、节水农作制度、高效管理节水等方面建立适合我国国情的现代节水灌溉技术体系，从而促进粮食增产、农业增效、农民增收，加快农业现代化和新型农村的建设步伐。

4 农药的发展

人类在长期的农业生产实践中，积累和发展了与农作物病、虫、草、鼠等有害生物进行有力斗争的丰富经验。我们将这些能够防治有害生物的药剂称为农药。在人类社会农业发展的不同历史阶段，由于生产力水平不同，人类防治有害生物的策略、方法和药剂也不相同。19 世纪中期，随着除虫菊、鱼藤和烟草三大天然杀虫植物作为杀虫剂商品在欧洲市场销售，农药的初期概念开始形成。19 世纪末期，由石硫合剂的广泛使用到法国科学家米亚代尔发现波尔多液，表明农药已开始进入科学发展阶段。自 20 世纪 40 年代发明滴滴涕和有机磷杀虫剂等有机化学农药之后，极大地增强了人类控制病虫危害的能力，为挽回农作物产量损失做出了重大贡献。但是，长期依赖和大量使用高毒、高残留的有机合成化学农药所造成的“3R”问题，即有害生物的抗药性（Resistance）、农药的残留毒性（Residue）、有害生物的再猖獗（Resurgence），以及人畜中毒、环境污染、生态平衡破坏和食品安全等严重后果引起了人们的高度重视，有害生物防治的观念发生了很大改变，对要求改进农药和保护生态环境的呼声越来越高，绿色环保、高效低毒和低残留的农药新品种的研发和应用日益得到重视。

4.1 农药的起源

农药的使用历史应该从公元前 2000 ~ 前 1000 年算起，不过，最初人们只是根据直观经验，使用一些天然矿物质或有毒植物，零散地对一些病虫害进行自发防除。古希腊诗人荷马（图 4 - 1）在其著作《荷马史诗》中已有用硫黄熏蒸驱虫防病的记载。公元前 7 ~ 5 世纪，中国古籍中有用嘉草、莽草、牡菊、蜃炭黑杀虫的记述。公元前470年，希腊人德谟克里特斯介绍用橄榄树叶的提取物防治植物枯萎病。中国古籍《山海经》中有用礜石（含砷矿物）毒鼠的记载。公元前100年，古罗马人就用藜芦防治鼠类和害虫。

图4－1　荷马

659年，苏恭的《唐本草》有硫黄杀虫、治疥的记载。900年，唐朝用砷化物防治庭园害虫。1596年（明朝万历年间）李时珍在《本草纲目》中记载了百部、藜芦、狼毒、雷公藤、苦参、川楝、巴豆和鱼藤根等多种杀虫植物。明朝崇祯年间宋应星的《天工开物》（1637年）中也有砒、汞、铅、铜等防病治虫的记载。1690年，烟草水在法国被用作杀虫剂防治梨网蝽。1800年已知高加索人用除虫菊花的粉末防治虱子和跳蚤。1821年，罗伯逊（John Robertson）在英国用硫黄作为杀菌剂防治植物霉病。

但是，在长达几千年的历史过程中并未形成农药的概念。就世界范围看，初期农药的概念还是从欧洲开始形成的。19世纪中期，三大天然杀虫植物——除虫菊、鱼藤和烟草作为世界性商品开始在市场销售；随后的砷酸铅、砷酸钙和硫酸烟碱的工业化生产，标志着农药不仅已成为商品，并且已进入化工产品行列之中。从农药品种的发展历史看，一般认为大体可分为三个时期，即天然产物的利用及无机农药时期、有机合成农药时期和新型农药发展时期。

4.2　无机及天然产物利用时期

19世纪中期，三大天然杀虫植物除虫菊、鱼藤和烟草作为杀虫剂商品开始在市场销售。1880年以后，石灰硫黄合剂广泛用于防治植物病害，1882年发现波尔多液，1892年美国使用砷素杀虫剂，1910年硫酸烟碱商品化，这些都标志着农药主要是无机及天然产物的利用时期。由于农药的需要量不断增加，农药制造也开始成为化学工业的组成部分之一。20 世纪 40 年代以前，农药商品种类少，人们主要是以天然植物或矿物为原料，经过简单加工后，便成为防治病虫害的有力武器，应用范围也仅限于果树、蔬菜等经济作物的病虫草害防治。特别是以矿物为原料加工的农药大多数是无机化合物，这是化学农药发展的初始时期，也被称为“第一代农药”。

第一代农药的主要特点有：第一，大多数是天然产物，或者经过简单的加工制得。第二，杀虫、防病和除草的作用对象都很单一。例如砷制剂和氟制剂都只有胃毒作用，仅对咀嚼式口器害虫有效；铜制剂和硫黄制剂都只有保护作用，仅在病菌还没有接触到寄主植物，或在病菌侵入寄主植物之前使用才有效；而氟化钠等除草剂的作用完全是灭生性的，对农作物没有选择性。第三，药效低，使用量大。如砷酸铅、硫酸铜（配制波尔多液）等有效成分用量高达 7.5～15 千克/公顷。无机除草剂的用量更大，早期用于除草时，有效成分用量高达 40～60 千克/公顷。第四，多数农药对动物的急性口服毒性大，对禽鸟和鱼类亦有毒害。

4.2.1 植物性天然产物的利用

烟草杀虫在 16 世纪中叶就已被发现；1690 年法国用烟草水作杀虫剂防治梨网蝽；1763 年又用烟草及石灰粉防治蚜虫，这是世界上首次报道的杀虫剂。1800 年，美国人吉姆第考夫发现高加索部族用除虫菊花的粉末杀灭虱、蚤，并于 1828 年将除虫菊加工成防治卫生害虫的杀虫粉出售；19 世纪 40 年代发现了毒力更为强大的白花除虫菊。1848 年，东南亚一带居民已用鱼藤毒鱼或制作箭毒，沃克斯丁提出用鱼藤根粉作为杀虫剂。三大天然杀虫植物——除虫菊、鱼藤和烟草的强大杀虫作用虽然早已被确认，但是真正作为杀虫剂商品在市场销售，开始于 19 世纪中期。这些植物性药剂的普遍使用，是早期农药发展史上的重大事件，有些品种至今仍在使用。

4.2.2 无机农药的发展

19 世纪初，人们发现将石灰与硫黄混合调制成药剂，能控制农作物病害的蔓延，并可杀死一些害虫，到 1851 年法国人格里森经过不断探索，发现以等量石灰与硫黄按一定比例加水共煮制得格里森水，其药效最佳。从此，一种称之为“石硫合剂”的无机药剂开始在全球范围内得到广泛的应用。

1878 年，在法国波尔多地区由于葡萄藤上茸毛真菌引起的葡萄霜霉病流行蔓延，近乎摧毁了整个欧洲的葡萄种植业和葡萄酒产业，当时人们称之为不治之症。1882 年的一天，一位细心的法国人米亚代尔在波尔多地区偶然间发现，种在路边的葡萄由于喷洒了石灰和硫酸铜的混合物而枝繁叶茂，没有喷洒过这种混合物的葡萄则由于葡萄霜霉病的危害而全部落叶了。经过反复试验，米亚代尔发现硫酸铜与石灰水混合液可有效地防治葡萄霜霉病。后来人们便称硫酸铜与石灰水的混合液为波尔多液。1885 年后波尔多液被广泛地用作保护性无机杀菌剂。由于波尔多液具有原料易得、杀菌谱广、持效期长、病菌不会产生抗性、对人和畜低毒等特点，成为应用历史最长的一种杀菌剂。至今还有许多国家在使用波尔多液防治植物病害。

从杀虫剂来看，最早使用的无机杀虫剂是含砷和氟两种元素的化合物。1867 年，原本做颜料用的巴黎绿——一种不纯的亚砷酸铜开始作为杀虫剂使用，在美国主要用于控制科罗拉多甲虫。1878 年，伦敦紫（含砷染料）也开始被用作杀虫剂。1890 年化学家吉勒特发现砷酸钙具有较好的杀虫作用，他便提出大量生产砷酸钙用来治虫的思路；1892 年，化学家莫尔顿建议把砷酸二钠与醋酸铅混合用来防治马铃薯吉普赛蛾，两年后昆虫学家弗纳尔德证实了它对吉普赛蛾的毒杀作用，自此，砷酸铅开始面市。尽管砷酸钙比砷酸铅要晚一些，但由于砷酸钙比砷酸铅含砷量高，制造成本低，于 1906 年开始大规模生产和使用。这两种砷素制剂在当时主要用于防治象甲虫和棉大卷叶虫。

20 世纪 40 年代以前是无机除草剂使用的盛期，使用的品种有亚砷酸盐、砷酸盐、硼酸盐和氯酸盐等。早在 1896 年硫酸铜在谷物田中用作选择性除草剂。这些无机除草剂对所有植物在一定浓度下都是灭生性的，即这些除草剂不能有选择性地杀灭杂草，而是连同作物一块“扫光”。因而这些无机除草剂不能在作物田中推广使用，只能用于清理场地、铁路、沟渠、边防等处的杂草和灌木。在这一段时期里，使用的无机杀鼠剂是亚砷酸（白砒）、黄磷、硫酸铊、碳酸铜、磷化锌等。

无机农药的出现使人们进一步认识到有些化学物质具有生物活性，可以用于杀虫、杀菌和除草。这一发现开阔了化学家们的视野，也使他们感到自己有更广阔的用武之地。无机农药的出现极大地缓解了农药十分紧缺的矛盾，增强了人们对付自然界病虫害的信心和力量。作为农药发展的历史阶段，无机农药时代无疑具有它不可忽视的作用和意义。但是，早期的砷制剂、氟制剂因为毒性高、药效差、药害重而早已停产。现代使用的无机农药主要有铜制剂与硫制剂。铜制剂如波尔多液、碱式硫酸铜悬浮剂等，硫制剂如硫悬浮剂、石硫合剂等，它们都是目前广泛应用的杀菌剂。

无机农药药效差，防治面窄，易产生药害，且杀虫剂多为胃毒剂，对人类等哺乳动物有毒，除草剂没有选择性，杀鼠剂属剧毒农药。尤其是无机杀虫剂，由于用量大，加之当时滥制、滥用，使农药中毒事件和环境污染等事故时有发生，这促使各国立法加强管理。1905 年法国针对巴黎绿率先在世界上制定了农药管理法。此前农药的使用和管理很不规范，也没有相应的法律。巴黎绿作为世界上第一种立法的农药，开创了农药管理向科学化、法律化迈进的新局面。现今巴黎绿还在一些国家有极少量的应用，用于防治孑孓。美国于 1910 年立法，要求农药必须在美国农业部履行登记手续。无机农药的这些缺陷客观上要求化学家们寻求更好的替代化学品，以弥补无机农药的不足。

4.3 有机合成农药时期

由于人们对第一代农药并不满意，首先，由于自然界的原料有限，以致影响其使用量；其次，因杀虫力不强、杀虫谱不广，且以胃毒作用为主，造成其防治效果并不十分理想。此时，有人呼吁能否人工合成一些化学物质，专门用来杀灭害虫。1915 年，有机汞制剂乌斯普隆在德国用作种子消毒剂；1932 年，默菲和皮特首先提出有机硫氰酸酯类化合物用作杀虫剂；1934 年，杜邦公司的蒂斯德尔和威廉斯在美国申请第一个二硫代氨基甲酸酯类化合物——秋兰姆用作杀菌剂的专利。直到滴滴涕（DDT）、六六六为代表的一批农药品种的出现，农药的应用开始进入以有机合成农药为主的时期。在这期间无论是杀虫剂、杀菌剂，还是除草剂，世界农药市场上都出现了大批活性很高的有机化合物品种，使化学农药进入一个新的历史时期。这些农药品种应用范围广、见效快、使用方便，对农业的高产、稳产和优质起到了重要作用。

4.3.1 有机氯类杀虫剂

图4-2 米勒

有机氯杀虫剂是一类含有氯原子的有机合成杀虫剂，也是发现和应用最早的一类人工合成杀虫剂。滴滴涕和六六六是这类杀虫剂的杰出代表，具有广谱、高效、价廉和急性毒性小等特点，20世纪40～70年代全世界广泛应用，在防治卫生害虫和农业害虫方面发挥了重大作用。其中滴滴涕的发现可谓是农药发展史上的一件大事。

1804年德国的齐德勒人工化学合成出了滴滴涕，但在以后的几十年间并未发现它的杀虫活性。直到1938年，瑞士科学家米勒（图4-2）发现了滴滴涕的杀虫活性以后，有机合成农药迅速发展，农药也进入了一个新的历史时期。滴滴涕是人类合成得到的第一种有机农药，可谓是化学发展史上的一个里程碑，它除了具有优异的广谱杀虫作用外，对温血动物和植物基本无毒害，且价格低廉，能大量生产。1940年7月滴滴涕获专利，作为杀虫剂开始工业化生产，这标志着进入了有机合成农药时代。此后，滴滴涕在世界范围内被广泛地用于防治农业害虫和卫生害虫，对农林业的发展以及在保障人体健康等方面都发挥了重要作用。特别值得一提的是，第二次世界大战期间，滴滴涕有效控制了疟疾、斑疹伤寒、鼠疫等的媒介昆虫，使千百万人免于恶性传染病的致命灾难。米勒也因此于1948年被授予诺贝尔生理学和医学奖。1962年世界众多国家在“世界卫生日”发行邮票，彰显滴滴涕的丰功伟绩，喷洒滴滴涕的画面也成为一个历史镜头被永远记录下来。

1941～1942年法国及英国相继发现了另一种重要的有机氯农药品种六六六。1950年，中国开始生产六六六。在20世纪80年代前，有机氯杀虫剂和有机磷类杀虫剂、氨基甲酸酯类杀虫剂一起成为杀虫剂领域的三大支柱。但是，由于大多数有机氯杀虫剂具有高度的化学、物理和生物学的稳定性，半衰期长达数年，在自然界极难分解，故使用后能在环境中长期残留，造成环境污染，破坏生态平衡。有机氯杀虫剂还能够通过食物链进行生物富集，从而导致在人体内蓄积，对人、畜产生慢性毒性，尤其是残留药剂进入人奶或牛奶中，对婴儿的健康具有潜在危害性，对鸟类等动物亦有慢性毒害，因此引起了人们的极大关注。自 20 世纪 70 年代以来，许多国家对滴滴涕、六六六、艾氏剂、狄氏剂等主要有机氯杀虫剂品种相继被禁用或限制使用。

4.3.2 有机磷类农药

有机磷就是含磷的化合物。第一个有机磷化合物的研究始于 1820 年。直到 1938 年德国化学家施拉德发现了特普，有机磷类化合物才开始作为杀虫剂使用。1944 年，德国拜尔公司开发了以特普为有效成分的第一个商品化有机磷杀虫剂——勃拉盾。

在第二次世界大战期间，施拉德合成了一系列有机磷毒剂。有机磷酸酯因作为战争毒剂的探索而受到重视。1937 年，在寻找具有杀螨和杀蚜活性的酰氟化合物过程中，施拉德制成了具有强烈生理作用的撒林。由于撒林对哺乳动物也具有强烈毒性未能作为杀虫剂使用。1941 年施拉德用二甲基氯基磷酰二氯合成了八甲基焦磷酰胺（八甲磷），这是第一个具有强内吸性的杀虫剂，开创了植物内吸杀虫剂的使用历史。1944 年，施拉德又合成了著名的有机磷杀虫剂对硫磷（当时代号 1－605，后简称 1605），由于其杀虫活性高，杀虫谱极广，引起世界各国的重视，促进了有机磷杀虫剂的迅速发展，是农药发展史上的一大成就，也是有机磷杀虫剂构效关系研究的起始。

第二次世界大战后不久，有机磷杀虫剂便得到了迅猛发展，很快成为杀虫剂中品种最多、应用最广的一类药剂。1948 年，施拉德合成了高效内吸磷，以后又发现了一系列的新品种，如氯硫磷、倍硫磷等。1950 年，美国氰胺公司开发的著名低毒有机磷杀虫剂马拉硫磷以代号 TM－4049 面市。1950～1952 年，美国杜邦公司发展了新的有机磷杀虫剂，如苯硫磷、马拉硫磷、毒死蜱等；英国有杀蚜磷；瑞士有二嗪磷、敌敌畏、磷胺；意大利有乐果；日本有杀螟硫磷等。这些都是农业上常用的有机磷杀虫剂。1954 年，美国陶氏化学公司开发成功第一个有机磷动物内吸杀虫剂——皮蝇磷，开创了动物内吸杀虫剂的使用历史。

至今，有机磷杀虫剂已发展成有机农药中品种最多、产量最大的一类。据统计，全世界已有 300～400 种有机磷原药，其中大量生产并广泛使用的基本品种约 100 种，加工品种可达 10 000 余种。这类杀虫剂具有品种多、药效高、用途广等优点。因此，在目前使用的杀虫剂中占有极其重要的地位。在我国，北京农业大学黄瑞伦教授于 1950 年合成了对硫磷，1956 年第一家有机磷农药生产厂——天津农药厂开始生产对硫磷。国内投入生产的有机磷品种有 70～80 种，如毒死蜱、二嗪磷、三唑磷、马拉硫磷、乐果等。

1958 年人们发现有机磷杀虫剂也具有一定的杀菌作用。20 世纪 60 年代以后相继开发了多种有机磷杀菌剂，主要用于防治黄瓜白粉病、禾谷类作物的白粉病、稻瘟病、立枯病等。

由于有机农药品种多、效果好、见效快、成本低和使用方便等突出优点，一时普遍认为似乎只有使用化学药剂才是解决植物保护问题的唯一有效办法，忽视了大量使用化学农药可能带来的多方面的不良影响。尤其是性质稳定、在自然界中难于降解的有机氯、有机汞危害更大。

4.3.3 《寂静的春天》出版

1962 年 9 月，美国海洋生物学家雷切尔·卡逊博士（图 4－3）出版了《寂静的春天》，在这部举世闻名的著作中，她运用近似报告文学的手法，详细描述了以滴滴涕为代表的化学农药的广泛使用给生态环境和人类健康造成的威胁，在世界范围内引起了巨大的震动，唤起了人们对农药残留和环境保护的重视，同时也呼吁人们开始寻找防治病虫的新的出路。甚至一些人开始怀疑农药的使用前途，少数人公开反对使用一切农药。《寂静的春天》一书的出版，极大地推动了农药管理工作的进展，世界许多国家从 20 世纪 70 年代开始，陆续禁用滴滴涕、六六六等高残留的有机氯农药和有机汞农药，并建立了环境保护机构，以进一步加强对农药的管理。世界用量和产量最大的美国于 1970 年建立了环境保护法，把农药登记审批工作由农业部划归为环境保护局（EPA）管理，并把慢性毒性及对环境影响列于考察的首位。美国环境保护局于 1972 年宣布禁止滴滴涕用于农业，1977 年宣布禁用六六六。中国农业部也于 1963 年在北京建立了农药鉴定所。1982 年中国开始实施农药登记制度，并建立了农药登记评审委员会，由农业部农药鉴定所具体负责。1983 年，中国停止生产滴滴涕和六六六。《寂静的春天》一书的出版，也促使农药向高效、安全、少公害的方向发展。从 70 年代开始，不少农药公司将农药开发的目标指向高效、低毒的方向，并十分重视它们对生态环境的影响。

图 4－3　雷切尔·卡逊（1907—1964）

4.4　新型农药的发展

为了克服传统农药存在的缺点，农药的开发研究更加注重发掘天然活性物质，进而人工模拟合成更为高效、安全的类似化合物，此外，人们还注意研究筛选具有特异生理活性的物质，如保幼激素、脱皮激素及性外激素、抗几丁质合成药剂等。由于这类特异性药剂以及拟除虫菊酯类、氨基甲酸酯类、新烟碱类等高效药剂大量被开发应用，一般认为这标志着农药已进入了又一个新的历史发展时期。有人还将这些特异性农药称为“第三代农药”。

4.4.1　仿生合成农药

动植物体内的许多代谢产物可用来制作农药。例如，鱼藤、除虫菊和烟碱三大传统植物很早就被用来防治害虫。后来，人们弄清了其中有效成分的化学性质，就进行人工模拟化学合成。有时合成的是该有效成分本身，有时合成的则是它的更高效、安全的类似化合物，即所谓的仿生合成农药。仿生合成农药主要有两个途径，一是以天然产物为先导化合物（也可称为模型或模板）进行“仿生”合成新农药；二是从害物特有靶标着手进行“仿生”合成新农药。仿生农药的化学结构，正是脱胎于自然界中存在的天然产物，因而较易获得高效、低毒、低残留的农药新品种，避免了大量合成样品和大量筛选的盲目性，使新农药的创制工作较为经济、迅速。

（1）以天然产物为先导化合物“仿生”合成新农药

仿生合成已成为新农药创制的有效途径之一。众所周知的氨基甲酸酯类杀虫剂源于毒扁豆；拟除虫菊酯类杀虫剂源于除虫菊；吡虫啉等新烟碱类源于烟碱；哒嗪酮类杀虫剂源于鱼藤酮；杀虫磺、杀虫双等沙蚕毒素类杀虫剂源于沙蚕；溴虫腈类源于二氧吡咯霉素。在杀菌剂中，嘧菌酯等甲氧基丙烯酸酯类杀菌剂源于抗生素物质 Strobiluring；拌种剂拌种咯源于吡咯菌素；兼具杀线虫作用的壳聚糖源于甲壳类动物；杀菌剂“银果”和“银泰”来源于银杏中的杀菌物质白果酚；杀菌剂乙基大蒜素源于大蒜素。除草剂中，著名的灭生性除草剂草铵膦源于微生物源除草剂双丙氨膦；三氟羧草醚源于植物源物质莎草茵；茵多杀同样源于植物源物质芜菁啶；环庚草醚亦源于植物源物质桉树脑；三酮类、磺草酮、硝草酮等源于植物源物质纤精酮。在植物生长调节剂中，玉米素源于玉米，芸苔素内酯源于油菜等。这些都是仿生合成新农药的成功先例。

1）拟除虫菊酯类杀虫杀螨剂。拟除虫菊酯类杀虫剂的开发是一个最典型和最有意义的仿生合成新农药的成功实例。除虫菊素是存在于菊科植物如白花除虫菊和红花除虫菊花中的杀虫有效成分。20 世纪 60 年代，人们通过鉴定除虫菊的化学结构后发现起杀虫和击倒作用的主要是除虫菊素Ⅰ和除虫菊素Ⅱ。天然除虫菊素具有杀虫活性高、杀虫谱广、对人和畜十分安全等优良特性。从环境安全性来评价，它不污染环境，没有慢性毒性等不良效应，也不会发生累积中毒。但它的唯一不足就是持效性差，在光照下很快氧化。因此，天然除虫菊酯不能在田间使用，只能用于室内防治卫生害虫。

于是，人们就设想利用化学合成方法来制备拟除虫菊素，且通过结构的改造改善其光不稳定问题。在人们不懈地探索下，成功地获得了人工合成除虫菊酯（拟除虫菊酯），并逐渐解决了其存在的不足，发展成一类优良的拟除虫菊酯类杀虫杀螨剂。1947 年，英国谢克特和拉氟格首先成功地合成了第一个拟除虫菊酯——丙烯菊酯，并于 1949 年商品化，从此开创了合成拟除虫菊酯的历史。此后，人们为克服除虫菊酯的光稳定性问题而开发了一系列对光稳定的、能用于农业生产的拟除虫菊酯类杀虫剂。如 1973 年出现的氯菊酯是第一个光稳定性的农业用拟除虫菊酯类杀虫剂；1974 年又成功开发了氯氰菊酯、溴氰菊酯和氰戊菊酯。

由于这些光稳定性农用拟除虫菊酯杀虫剂的研究开发成功，促进了该类化合物研究的进展，对这些化合物所存在的种种不足（如对鱼毒性较高，对螨类和土壤害虫效果较差以及缺乏内吸性等）已经做了改进。如人们通过在结构中导入氟原子开发成功了联苯菊酯、氟氯氰菊酯、氯氟氰菊酯和七氟菊酯等；通过改变酯的结构成功开发了醚菊酯等。后来化学家们又对其进行高效光学异构体的拆分，成功开发出了高效顺 - 反氯氰菊酯、高效氰戊菊酯（来福灵）等。这些都充分说明拟除虫菊酯类杀虫剂开发的极大成功，同时也充分展示了以天然产物为先导进行新农药创制的极大潜力和广阔前景。

2）氨基甲酸酯类杀虫杀螨剂。毒扁豆的次生代谢物质毒扁豆碱是人类发现的第一个天然的氨基甲酸酯类化合物。毒扁豆是非洲的一种豆科植物——卡勒巴豆的种子，17 ~ 18 世纪，尼日利亚爱菲克斯人的统治者就用毒扁豆碱做成神裁毒药来执行死刑，后来欧洲人发现神裁毒药的毒性成分是生物碱，并于 1864 年分离出毒扁豆碱，1925 年确定了毒扁豆碱的分子结构式。毒扁豆碱本身是箭毒的解毒剂，可使瞳孔收缩，能治疗青光眼，用量过多会使人呼吸困难以致死亡，但毒扁豆碱是离子化合物，由于缺乏脂溶性而不能渗入昆虫体内神经组织，因此不能用于杀虫。氨基甲酸酯类杀虫剂是以毒扁豆碱为模板的仿生合成农药，是在研究毒扁豆碱生物活性与化学结构关系的基础上发展起来的。

杜邦公司 1931 年研究的二硫氨基甲酸的衍生物四乙基硫代氨基甲酰硫化物是最早发现的有杀虫能力的氨基甲酸酯，其对蚜虫有触杀毒性。此外，有一些化合物，如福美双有拒食作用，可保护植物不受天幕毛虫、日本甲虫、墨西哥豆甲虫等危害，四乙基硫代氨基甲酰硫化物及代森钠能杀螨。不过，这些氨基甲酸的盐（酯）具有卓越的杀菌活性，至今仍作为杀菌剂使用。

第一个真正的氨基甲酸酯杀虫剂是瑞士嘉基公司的吉森博士在20世纪40年代的中后期合成的地麦威，加之随后合成的异索威、敌蝇威一起于20世纪50年代在欧洲进入商品化生产。在此基础上，美国联合碳化物公司的兰姆布雷克博士在1953年合成了甲萘威，1957年以西维因的商品名投入工业化生产。美国加利福尼亚大学梅特卡夫开发成功了害扑威、异丙威、灭除威和速灭威、联合碳化物公司随后又合成了兼具触杀和内吸作用，而且还有杀线虫和杀螨活性的涕灭威。但由于以上化合物毒性太高，如何降低这类杀虫剂对哺乳动物的毒性，而又不影响其杀虫活性，成了氨基甲酸酯类杀虫剂研究的一个重点。

对高毒的氨基甲酸酯类杀虫剂的低毒衍生化是从对马拉硫磷的代谢机制的研究中得到启示的。在氨基氮原子上引入取代基，使新的衍生物在昆虫体内转变成母体化合物而具有杀虫活性，而在动物体内通过酯酶转变成酚类而解毒，从而达到此类农药低毒化的目的。已开发成功的商品化品种有丁硫克百威、丙硫克百威、呋线威等，其毒性大大降低。

3）新烟碱类杀虫剂。新烟碱类杀虫剂（也称为氯化烟酰类杀虫剂）源于植物源农药烟碱，它主要作用于害虫的乙酰胆碱酯酶受体。在20世纪40年代前，植物烟碱曾是杀虫剂中的主体之一。后来，由于化学合成农药的迅速发展，烟碱则由于活性、毒性、资源等一系列问题而日趋萎缩。然而，人们对烟碱的高活性的特点深感兴趣，在化学合成农药的创制越来越困难的情况下，科技人员通过对烟碱化学结构的改造，仿生合成了以吡虫啉为代表的烟碱类杀虫剂，并成为了杀虫剂市场的主打产品。1984年，日本特殊农药制造公司合成了吡虫啉，这是第一个作用于烟碱型乙酰胆碱受体的氯化烟酰类化合物，21世纪初期成为杀虫剂最大吨位的品种。1995年日本武田药品工业株式会社合成了烯啶虫胺，同年日本曹达株式会社合成了啶虫脒。新烟碱类杀虫剂对蚜虫类和白粉虱类等有卓越的生物活性，在不同的生物体间具有明显的选择性，并以其独特的生化性质而具有良好的内吸性。

4）沙蚕毒素类杀虫剂。沙蚕毒素类杀虫剂是20世纪60年代兴起的仿生杀虫剂。沙蚕（异足索沙蚕）是生活在海滩泥沙中的一种环节蠕虫，日本的钓鱼者用它作诱饵，发现蚊蝇、蝗、蚂蚁等在沙蚕死尸上爬行或取食后会中毒死亡或麻痹瘫痪。1934 年新田清三郎首次分离到其中的有效成分，并取名为沙蚕毒素，1964 年发现这种毒素对水稻螟虫具有特殊的毒杀作用。1965 年，日本武田药品工业株式会社成功开发了第一个沙蚕毒素类杀虫剂——杀螟丹（巴丹），这也是人类历史上第一次成功利用动物毒素进行仿生合成的杀虫剂。1987 年，一系列与沙蚕毒素作用机制相同的具有杀虫活性的化合物被合成出来，如杀虫单、杀虫环、杀虫蟥，这些统称为沙蚕毒素类杀虫剂。

5）β－甲氧基丙烯酸酯类杀菌剂。β－甲氧基丙烯酸酯类杀菌剂是根据一种有杀菌活性的天然抗生素仿生而来的一类杀菌剂，又称为嗜球伞果素类杀菌剂。科学家们经过 20 多年的结构优化研究，此类杀菌剂的开发获得巨大成功。先正达和巴斯夫公司首先于 1996 年分别在德国登记注册了阿米西达（嘧菌酯）和翠贝（醚菌酯），用来防治小麦白粉病和叶枯病。至 2000 年，仅阿米西达就已经在全球 100 多种作物上登记了防治 400 多种真菌病害。阿米西达和翠贝一并创造了单品种连续年销售在 4 亿美元以上的历史纪录，单品种销售仅次于草甘膦和吡虫啉分别列第三位和第五位，在杀菌剂开发史上树立了继三唑类杀菌剂之后的又一个新的里程碑。到目前为止，有关甲氧基丙烯酸酯类杀菌剂的各种发明专利已达数千份，有 8 个品种已经商品化，包括嘧菌酯、醚菌酯、肟菌酯、苯氧菌胺、啶氧菌酯、唑菌胺酯、氟嘧菌酯和烯肟菌酯，还有许多品种正在进入市场之前的研发之中。

6）银果、银泰和仿生安。银杏是第四纪冰川幸存下来的古老珍贵树种，被称为“活化石”，其生命力很强，能生存数千年之久。银杏具有很强的抗辐射能力。1945 年，美国在日本广岛投下了第一枚原子弹，距爆炸中心 1 千米的银杏树是最先恢复萌芽的植物。银杏对创伤具有很强的愈合能力。银杏树受伤后自己能够愈合，且未愈合部位木质不易发生腐烂现象。泰山大灵岩寺的银杏树被雷击三次，目前仍枝繁叶茂，硕果累累。银杏抗逆性强，一般不易受病虫害的侵染。农谚称：“蚂蚁不上银杏树”。青岛农业大学孟昭礼教授多次多点考察发现蚂蚁靠近银杏树时会敏感地转换方向，且银杏叶一般不发霉、不腐烂、不变色。于是他从

1983 年开始从银杏的生物活性现象入手，证实银杏各器官均存在农用抑菌物质，并从银杏外种皮获得了先导化合物白果酚，以其为先导化合物进行仿生合成试验，并在仿生合成中对先导化合物的结构进行了改造，得到了银果、银泰和仿生安等仿生合成杀菌剂系列产品。

7）仿生合成除草剂。除草剂的发展是各大类农药中最为突出的。这是由于农业机械化和农业现代化推动了它们的发展，使之雄踞各类农药之首，有效地解决了农业生产中长期存在的草害问题。这些除草剂具有活性高、选择性强、持效适中及易降解等特点。尤其是磺酰脲类和咪唑啉酮类除草剂的开发，可谓是除草剂领域的一大革命。它们通过阻碍支链氨基酸的合成而挥发作用，用量为 2 ~ 50 克/公顷。较之前期的有机除草剂，提高了两个数量级。它们对多种一年或多年生杂草有效，对人畜安全，芽前、芽后处理均可。此时期主要除草剂品种有绿磺隆、甲磺隆、阔叶净、禾草灵、吡氟乙草灵、丁硫咪唑酮、灭草喹、草甘膦等。同时在此阶段也出现了除草抗生素——双丙氨磷。

（2）从害物特有靶标着手进行“仿生”合成新农药

剖析害物靶标特有酶或特有物质，模拟合成可与其配伍或结构相近的化合物作为农药，是开发新农药十分有效的手段。如从昆虫特有的甲壳素合成酶合成了抑制此类酶的苯甲酰脲类杀虫剂；近年来，又从昆虫特有的靶标（鱼尼丁受体）开发出了新颖的鱼尼丁受体激活剂——氟虫酰胺、氯虫酰胺等杀虫剂。三环唑、咯喹酮和环丙酰菌胺等是以黑色素合成系统为靶标开发的杀菌剂。磺酰脲类、咪唑啉酮类和氯乙酰胺类等除草剂则是基于靶标乙酰乳酸合成酶研发成功的；二苯醚类、咪唑二酮类、吡唑类、哒嗪酮类等 30 多个除草剂品种均是原卟啉原氧化酶的抑制剂。

1）氟虫酰胺和氯虫酰胺。鱼尼丁是从南美洲的一种大枫子科灌木尼亚那中提取出来的生物碱类化合物，对鳞翅目害虫，包括欧洲玉米螟、甘蔗螟、苹果小卷蛾、苹果食心虫、舞毒蛾等十分有效。鱼尼丁可与哺乳动物和无脊椎动物体内的一种受体发生高亲和性结合，该受体即为鱼尼丁受体。鱼尼丁与受体结合后可导致哺乳动物和无脊椎动物肌肉组织肌质网腔内钙离子的大量释放，影响肌肉收缩，使昆虫肌肉松弛性麻痹。因此，鱼尼丁对非靶标生物（如人畜等哺乳动物）

的毒性也很高，从而导致其作为杀虫剂的使用受到限制。为了开发对昆虫高效而对哺乳动物低毒的化合物，许多农药研究机构以鱼尼丁受体为靶标，致力于对鱼尼丁的结构进行修饰，以期获得具有选择毒性的新化合物，即对昆虫高效而对哺乳动物低毒的化合物，尽管多有文献报道，但至今没有通过结构修饰的活性高且安全的产品问世。

1999 年日本农药公司及德国拜耳公司首先合成了第一个作用靶标为鱼尼丁受体的新型邻苯二甲酰胺类杀虫剂——氟虫酰胺，对鳞翅目害虫如棉铃虫具有优异的活性，毒性试验结果表明该类化合物对哺乳动物安全。随后美国杜邦公司也成功开发出了一种作用于鱼尼丁受体的新型邻甲酰胺基苯甲酰胺类杀虫剂——氯虫酰胺。这两种杀虫剂都具有二酰胺基元，故统称它们为二酰胺类杀虫剂。该类杀虫剂对鳞翅目害虫高效，对哺乳动物低毒、安全，与其他杀虫剂无交互抗性，对环境友好。目前基于鱼尼丁的杀虫活性及鱼尼丁受体的独特性质，开发作用于该受体的杀虫剂在农药研究领域深受科研工作者关注，并出现了近百项专利。目前国际上一些大型农药公司均投入了一定的人力与物力对此类杀虫剂进行研发。

2）苯甲酰脲类杀虫杀螨剂。早在 20 世纪 70 年代就发现了苯甲酰脲类化合物具有阻碍昆虫蜕皮作用，为甲壳素合成抑制剂。到目前为止，这类化合物的确切生化作用机制仍没有得到深入完全的阐述，但普遍认为主要是阻止昆虫表皮几丁质的生物合成及沉积，致使昆虫表皮变薄，体液渗出，或不能蜕皮而死亡。由于哺乳动物及高等植物中不存在几丁质，因此该类药剂具有极高的选择性和环境安全性；同时还具有使用浓度低、降解速度快等特点，使得该类化合物经过 30 多年的发展仍然成为研究开发的热点，被誉为“21 世纪的农药”。最早开发的品种为除虫脲，于 1975 年上市。以后，为了提高杀虫活性及扩大杀虫谱，不少人又对此类杀虫剂进行研究、开发，新的品种不断问世。从 20 世纪 70 年代的除虫脲、杀铃脲、灭幼脲，80 年代上市的伏虫隆、氟虫脲、定虫隆、氟铃脲，到 90 年代的虱螨脲、双苯氟脲。此类杀虫剂尽管沿用了 30 余年，但人们仍孜孜不倦地进行新药剂的开发。近年来，又有新的药剂问世，如韩国东宝公司的双二氟虫脲和陶农科公司的多氟脲。

苯甲酰脲类昆虫几丁质生物合成抑制剂的结构修饰与合成研究已取得了长足

的进展。此类化合物有别于传统杀虫剂独特的作用机制以及对环境友好的优良特点，体现出了现代农药的发展趋势。随着该类杀虫剂作用机制的进一步阐明以及构效关系研究的不断深入，特别是定量构效关系（QSAR）为开发新的高效化合物提供了理论依据，研究开发出活性更高、环境相容性更好的昆虫几丁质生物合成抑制剂在不远的将来一定会成为现实。

3）甾醇生物合成抑制剂。20 世纪 70 年代初发现了甾醇生物合成抑制剂的抗菌作用机制，从此，研究和开发此类杀菌剂引起了农药界、医药界、植物病理学和生物化学学科的高度重视。甾醇是生物膜的重要组分，不同类型生物的甾醇结构和组分也各有所区别。真菌甾醇主要是麦角甾醇，除参与细胞膜结构外，在细胞生命活动中还具有调节作用和激素功能。抑制麦角甾醇的生物合成，即可破坏真菌细胞膜的结构和功能，干扰细胞正常的新陈代谢，导致菌体生长停滞、繁殖率下降，甚至细胞死亡。1972 年，拜尔公司开发的麦角甾醇生物合成抑制剂类杀菌剂三唑酮问世。20 世纪 80 年代以来，许多新型高效、低毒、广谱、安全的甾醇生物合成抑制剂相继应用于植物真菌病害的防治，包括了吡啶类、嘧啶类、哌嗪类、咪唑类、三唑类、哌啶类、吗啉类，它们均为含氯杂环化合物，主要品种有十三吗啉、嗪胺灵、丁塞特、甲嘧醇、抑霉唑、咪鲜安及三唑酮等 40 多种化合物。由于它们能被植物吸收并在体内传导，故兼具保护和治疗的作用，均能防治由子囊菌纲、担子菌纲、半知菌纲引起的作物病害，其药效比前期的药剂提高了一个数量级，尤以三唑类杀菌剂活性最高、扩菌谱最广。该类杀菌剂的发现和使用，是继苯并咪唑类杀菌剂以后再次推动植物病害防治水平提高的重要里程碑。

4.4.2 特异性农药

特异性农药是指对害虫的特定器官在生理上产生某些特异性反应的农药。这类农药的作用机制一般不是直接毒杀害虫，而是通过药物使害虫机体产生特殊反应，使其失去生活及繁殖能力，如昆虫激素、昆虫信息素、性引诱剂、拒食剂、不育剂、驱避剂、产卵忌避剂等，有人也将这些特异性农药称为昆虫生长调节剂。

1985年赵善欢认为昆虫生长调节剂应包括保幼激素、蜕皮激素及其类似物、抗保幼激素、几丁质合成抑制剂、植物源次生物的拒食剂、昆虫源信息素、引诱剂等干扰害虫行为及抑制生长发育特异性作用的缓效型“软农药”，从而拓宽了昆虫生长调节剂的范畴。由于应用此类药剂有利于无公害食品生产，符合人类保护生态的要求，曾一度受到人们的关注，并进行开发研究。后因第二代有机合成杀虫剂（有机磷、氨基甲酸酯和拟除虫菊酯）能高效、经济地控制害虫为害，致使昆虫生长调节剂步入低谷。随着“农药万能论”思潮的蔓延，“三R”不断加剧，人们对农药的概念又从“杀生物剂”转向寻找“生物合理农药”或“环保和谐农药”的新型杀虫剂，昆虫生长调节剂重新得到人们的重视。

（1）昆虫保幼激素与蜕皮激素类杀虫剂

保幼激素类似物主要为烯烃类化合物，可直接通过害虫表皮或被吞食后使害虫死亡。早期研究开发出的品种有烯虫酯、烯虫乙酯、烯虫炔酯、保幼炔、噻嗪酮、灭蝇胺等。近期开发的品种与保幼激素结构不同，但具有保幼激素类似物的活性，可广泛应用于农林及卫生害虫的防治，如哒幼酮、吡丙醚（蚊蝇醚）。此外，还有双氧威（苯氧威）和茚虫威亦可归于此类。

酰肼类杀虫剂为20世纪90年代上市的类蜕皮激素昆虫生长调节剂。该类药剂通过模拟β－羟基蜕皮激素促进昆虫蜕皮，使昆虫在不该蜕皮时蜕皮，以致脱水、停止取食并开始退去外骨骼而使正常蜕皮受体被阻，导致昆虫头部和足不能完全蜕皮而死亡。此类药剂主要品种有虫酰肼（1993年上市）、甲氧虫酰肼（2000年上市）、氯虫酰肼（1997年上市）、环虫酰肼（2000年上市）。此外，我国江苏省农药研究所股份公司开发出了呋喃虫酰肼。

（2）昆虫信息素

用昆虫信息素防治害虫是20世纪60年代以来发展的一种治虫新技术。由于具有高效、无毒、无污染、不伤害益虫等优点，国内外对昆虫信息素的研究与应用都很重视。昆虫信息素是同种昆虫个体之间在求偶、觅食、栖息、产卵、自卫等过程中进行通信联络的化学信息物质，主要有性信息素、聚集信息素、示踪信息素、报警信息素、疏散信息素以及蜂王信息素、那氏信息素等。在不同种昆虫之间和昆虫与其他生物之间也存在传递信息的化学媒介，即种间信息化学物质，简称种间素，主要有利己素、利他素和协同素等。近年来对各种昆虫信息素的研究方兴未艾，其中研究与应用最多的是昆虫性信息素。

我国关于昆虫信息素的研究工作可以追溯到1966年。由于十年动乱的干扰，到70年代初才进入系统研究和快速发展阶段。中国科学院动物研究所昆虫激素室在陈德明教授领导下与有关单位合作，经过8年多的研究，于1979年鉴定出马尾松毛虫性信息素的3个活性组分。这一重要进展标志着我国昆虫信息素研究达到了一个新水平，进入了国际同类研究的行列。此后，我国又鉴定出一批重要农林害虫性信息素的化学结构，其中有亚洲玉米螟、二点螟、桑毛虫、枣黏虫、甘蔗条螟、白杨透翅蛾、杨干透翅蛾、三化螟、甘蔗白螟、蒙古木蠹蛾、黏虫、茄黄斑螟、葡萄透翅蛾、烟夜蛾、槐尺蠖、茶尺蠖、桑尺蠖、大豆食心虫、梨大食心虫、核桃举肢蛾、茶毒蛾、槐小卷蛾等近30种鳞翅目昆虫性信息素。

我国已经合成了一批重要昆虫性信息素和性诱剂。其中果树害虫有梨小食心虫、桃小食心虫、桃蛀螟、苹小卷蛾、苹果蠹蛾、金纹细蛾、枣黏虫等；森林害虫马尾松毛虫、油松毛虫、白杨透翅蛾、槐尺蠖、松梢螟、蒙古木蠹蛾等；粮棉害虫亚洲玉米螟、二化螟、三化螟、大螟、稻显纹纵卷叶螟、黏虫、棉红铃虫、棉铃虫等；甘蔗害虫二点螟及甘蔗条螟、黄螟、白螟等；蔬菜害虫小菜蛾、烟青虫、茄黄班螟等。我国还研究与试验了一些其他种类昆虫的信息素和引诱剂。其中有日本松干蚧、甘薯小象甲、长角血蜱、家蝇、蚜虫、实蝇、靖远松叶蜂等性信息素；家白蚁、土白蚁、散白蚁等示踪信息素；谷盗聚集信息素；蚜虫报警信息素；库蚊产卵引诱信息素；蜜蜂蜂王信息素和那氏信息素等。

我国昆虫信息素研究的一个突出特点是与实际应用紧密结合。我国鉴定与合成的多数是重大农林害虫的信息素或引诱剂，有些已经在害虫的综合治理中发挥重要作用。

在过去的30年里，尤其是改革开放以来，我国的昆虫信息素研究与应用取得了重要进展。已经鉴定和合成一批主要农林害虫信息素，有些已在害虫的测报和防治上大面积推广应用，创造了显著的经济效益和社会效益，取得了一批重大科技成果，有些已获得国家和省部级奖励。其中，获得国家发明奖的有棉红铃虫（中国科学院上海有机化学研究所，上海昆虫研究所）、梨小食心虫（中国科学院动物研究所）、亚洲玉米螟（广东省测试分析研究所，江苏省激素研究所）等昆虫性信息素研究成果。获得国家科技进步奖的有桃小食心虫（中国科学院动物研究所）、二点螟（中国科学院动物研究所）及“若干昆虫信息素结构鉴定、合成及应用”（中国科学院上海有机化学研究所等）等研究成果。获中国科学院和省部级重大科技成果奖的有棉红铃虫、梨小食心虫、桃小食心虫、二点螟、甘蔗条螟、小菜蛾、白杨透翅蛾、枣黏虫、二化螟、稻纵卷叶螟、棉铃虫、粟灰螟等20多项昆虫信息素研究成果。

不难看出，上述获奖成果大多是我国鉴定与合成并已大面积推广应用的鳞翅目昆虫性信息素。令人高兴的是，近年来鳞翅目以外的一些重要昆虫的性信息素、聚集信息素、示踪信息素和报警信息素等，也已成为我国的研究课题并取得了可喜进展。毋庸置疑，我国的昆虫信息素研究与应用已取得重要进展，有些方面（如一些昆虫性信息素在虫情测报和诱捕法防治上的大面积试验与推广应用等）已达到国际同类研究的先进水平。但总体来讲，同发达国家相比还有不少差距，离我国现代化农业和林业发展的需要还差得很远。我们应继续多单位团结协作，不断加强昆虫信息素基础研究，随着更多主要害虫信息素的鉴定、合成与应用研究的进展，昆虫信息素必将在我国农林等害虫的综合防治中发挥越来越大的作用。

4.4.3 农用抗生素

在农药的发展历史上，天然产物具有不可磨灭的功劳。除了植物源的仿生农药外，一些微生物的发酵产物也同样为杀虫杀螨剂和杀菌剂的发现做出了重大贡献。特别是20世纪70年代以来，具有杀虫、杀菌活性的农用抗生素的开发十分引人注目。其具有高效、高选择性、易降解等特点，故发展十分迅速。农用抗生素中主要杀虫剂品种有阿维菌素、甲维盐、氟虫腈、虫螨腈、多杀菌素等，主要杀菌剂产品有井冈霉素、多抗霉素类（多氧霉素、有效霉素）、春雷霉素、庆丰霉素等。

（1）阿维菌素类杀虫杀螨剂

1976年，美国默克公司和日本北里大学合作，从日本静冈县伊东市川奈地区的土壤放线菌——灰色链霉菌的发酵液中分离得到了具有优良杀虫和驱螨虫活性的阿维菌素。阿维菌素对叶螨和许多种类的昆虫具有非常强的杀灭效力。现在阿维菌素已在世界上许多国家应用，防治大多数农作物和园艺作物的害虫和害螨。在阿维菌素的化学结构基础上改造成功了伊维菌素，也已经在世界上许多国家登记用于防治家畜寄生虫。虽然阿维菌素对叶螨类和一些昆虫防效优良，但不能满足市场需求。这种状况促使人们去研究价廉物美的阿维菌素系列化合物，并于1984年发现了半合成的阿维菌素——埃玛菌素，并制成了埃玛菌素的盐酸盐，这个产品是在阿维菌素的基础上，经五步合成获得的衍生物。随后的研究发现，埃玛菌素苯甲酸盐的稳定性和水溶性好于其盐酸盐，并于1997年在美国进行登记用于植物保护。河北省石家庄化工厂在国内首先合成了埃玛菌素苯甲酸盐，并于1999年取得登记防治棉铃虫。

（2）吡咯（吡唑）类杀虫杀螨剂

吡咯（吡唑）类杀虫杀螨剂是美国氰胺公司以微生物链霉菌的代谢产物二噁吡咯霉素为先导化合物开发的高效杀虫杀螨剂。二噁吡咯霉素对为数众多的昆虫和蜱螨目的蜘蛛表现中等程度的生物活性，但对哺乳动物的毒性却非常高。这些研究结果激发了人们对其化学结构进行改造的兴趣。1987年法国罗纳-普朗克公司以二噁吡咯霉素为先导物，开发成功了广谱性杀虫杀螨剂——氟虫腈（锐劲特）；1988年美国氰胺公司又向世界推出了一个全新的广谱性杀虫、杀螨剂——虫螨腈（溴虫腈、除尽），其对烟芽夜蛾幼虫的效果与氯氰菊酯相当，比常规药剂效果高4～16倍。溴虫腈在我国被广泛用于蔬菜害虫的防治，尤其对小菜蛾、甜菜夜蛾及斜纹夜蛾三种害虫具有很好的防治效果。我国大连瑞泽农药股份公司于2005年研制成功了丁烯氟虫腈（瑞得金）。

（3）农用抗生素

农用抗生素的研究始于美国、英国、日本等国科学家用医用抗生素如链霉素、土霉素、灰黄霉素等来防治植物病害。1958年，日本成功研制出杀稻瘟菌素S，并于1961年大面积应用于稻瘟病的防治，基本上取代了有机汞制剂在防治稻瘟病上的应用。杀稻瘟菌素S的发现和工业化，使农用抗生素的开发进入了一个新的时期。之后，日本又相继开发了春雷霉素、多氧霉素、有效霉素等一系列高效、低毒的抗真菌农药新品种。日本在这方面的研究已经走在世界的前面。世界抗生素研究在经历了20世纪70年代的高速发展期和80年代新品迭出期以后，进入90年代已迈入市场成熟期。

中国是农用抗生素生产和应用大国，也是农用抗生素研究开展较早的国家，早在20世纪50年代就已经开始此类研究，由于当时经济条件的限制，进展比较缓慢，到20世纪70年代以后逐渐取得较大突破，进入了蓬勃发展时期。中国研制成功并在生产上推广应用的农用抗生素主要有井冈霉素、多抗霉素、庆丰霉素、农抗120、武夷菌素、中生菌素等10多个品种。目前，大规模生产并且应用面积最大的品种是井冈霉素，年产值达到5亿多元。进入20世纪90年代，中国的抗生素研究开发又进入一个新的发展高潮，科研水平处于世界先进国家之列。

4.5 农药的发展趋势

4.5.1 现代农药的概念

农药是人类生产和生活中不可或缺的生产资料。随着人类的进步，人们对生活质量和生存环境的要求越来越高，促使了农药的不断发展和进步，它在人类的社会和经济活动中起着越来越重要的作用。尤其在当前，世界人口不断增长，耕地面积难以发展，而对粮食的需求却日益增加的情况下，这就需要更多、更好地符合当今环境需要的农药以确保农业的稳产、丰收。

对于农药的含义和范围，20世纪80年代以前，人们偏重于强调对有害生物的“杀死”，但20世纪80年代后，随着人们对环境质量要求的不断提高，对农药的要求也越来越严格，因此，农药的概念也随之发生了很大的变化。今天，我们并不注重“杀死”，而是更注重于“控制”和“调节”。因此，农药便出现了各种各样的代名词，如“生物合理农药”“理想的环境化合物”“生物调节剂”“抑虫剂”“抗虫剂”“环境和谐农药”“环境友好型农药”等。尽管对农药有各种各样的表达，但今后农药的内涵必然是“对害物高效、对非靶标生物及环境安全”。

对于农药的含义和范围，不同的国家和地区有所差异。美国最早将这些物质称为经济毒剂，将农药和化学肥料一起合称为农用化学品；大多欧洲国家多称为农业化学品；德国又称之为植物保护剂；法国曾称为植物药剂和植物消毒剂；日本称为农药，且其范围很广，把天敌也包括在内。目前，中国与国际上的现代农药词意基本上是一致的，不但包括天敌昆虫等活体生物，生物体中有效成分的提取物及人工模拟合成物（如昆虫保幼激素、性诱激素等），甚至把某些转基因植物（如抗虫棉等）也称为“农药植物”。我国现代农药的概念是指“用于预防、消灭或者控制危害农林业的病、虫、草和其他有害生物以及有目的地调节、控制、影响植物和有害生物代谢、生长、发育、繁殖过程的化学合成或者来源于生物、其他天然产物及应用生物技术生产的一种物质或者几种物质的混合物及其制剂”。

4.5.2 今后农药发展趋向

世界人口在不断增多，但可耕土地面积却不断减少，世界粮食问题变得越来越严峻。如今，人类对环境的要求越来越高。为此，对于农药的发展，应在确保世界粮食供应的前提下，也要保证对人类和环境的健康要求。因此，今后世界农药将呈现以下发展趋向。

（1）化学农药仍将是全球农药的主体

农药是病、虫、草等有害生物防治中必不可少的农资产品，是提高作物产量，保证粮食安全，解决全球粮食危机的重要物资。没有农药，就难以保证全球的粮食供应。人类离不开粮食，农业离不开农药。据报道，在英国，如果停用农药，将使水果减产78%，蔬菜减产54%，谷物减产32%；在美国，投入1美元的农药可获3~4美元的回报；在中国，每年农作物病虫害发生面积40多亿亩，农药使用量高达100万吨制剂，可减少经济损失300亿人民币。

随着1996年转基因作物诞生到大面积推广应用，并由于人们对环境质量的要求等社会压力，对化学农药产生了一定的冲击。但由于转基因作物并不普遍，天然产物农药有其局限性，因此，化学合成农药仍将保持其在有害生物防治中的重要地位。况且，目前全世界有8亿人口处于饥饿状态，每天有2万人死于饥饿。

（2）有害生物控制的新方法及新概念不断出现，调控型农药备受关注

随着社会的发展，人们对有害生物防治观念发生了很大变化，为适应这些变化，使农药的范畴和使用目的也出现了极大改变。20 世纪 70 年代，为了解决农药残留和害虫抗性等问题，也为了尽量减少化学农药用量，以更合理地控制有害生物，美国的几位昆虫学家提出了“有害生物综合治理（IPM）”的概念。所谓 IPM，就是协调运用各种适宜的技术和方法（包括使用农药），把有害生物种群控制在经济阈值之下的一种管理体系。在 IPM 体系中，并没有排斥农药的使用。但此时农药使用的目的并不是完全杀死所有的害物，而是将其控制在一定水平，且不造成经济损失。为了充分发挥农药的作用，并最有效地防治害物，有人提出了“知情防治”的概念，即在防治之前要对农药特性、混用后药效变动情况、病虫害防治指标、药剂喷洒方法及药液附着情况和防效、药剂敏感性下降的对策、耕种防治方法及其有效性以及改进栽培管理方法以避免病虫害等诸多情况进行详细了解，做到心中有数。有人从自然保护立场出发，对害物防治提出了“生物多样性综合治理”的新概念。该法系以 IPM 为基础，结合物种保护、保全等情况，以“保护—防治—管理—共存”的理念，达到物种的控制与延续的目的。此外，还出现了有害生物生态治理（EPM）、强化生物因子的综合治理（BPM）、合理有害生物治理（RPM）和有害生物可持续治理（SPM）等很多有害生物控制的新概念。

在有害生物控制新方法和新概念的实施中所使用的农药也应符合上述几种概念的需求，希望更多地开发和应用调控型农药，如昆虫生长调节剂、作物抗病激活剂、类激素类农药、各种昆虫信息素以及各种害物特殊酶的抑制剂等。由于这类农药对人类与环境绝对安全，并有利于对害物的调控，符合当今人们所谓的“绿色”概念。目前此类农药已成为新农药开发的热点。

（3）仿生环保型农药将是新农药开发的主体

由于仿生农药具有高度的安全性、选择性，越来越成为人们开发新农药的主要方向，同时也越来越受到农药使用者的青睐。仿生农药有两类，一类是以天然产物为先导化合物，进行结构改造；另一类则以害物特有靶标或特有物质为目标，进行新农药的开发。

(4) 含氟和含杂环农药仍将是人们研究的主要方向

由于氟原子的共价半径仅为 0.72 埃(Å,非法定计量单位,1 埃 = 10^{-10} 米),在卤素元素中氟原子的共价半径最小,其在不带电的情况下,氟原子体积仅为氯原子的1/4,还不到碘原子的1/10,这样更有利于反应进行;另外,氟原子的范德华半径为 1.35 埃,仅为氢的 1.13 倍,相当接近,使它的质子伪似性较高,十分易“冒充”氢化合物进入生物体内,产生模拟效应。进入生物体的氟化合物,由于氟原子具有最大的电负性,会给予分子上的生理活性部分因电的影响而增强活性,从而破坏害物的正常生理电子传递。当在同一碳原子上存在几个氟原子时,可提高其相溶性和表面活性,并提高对生物体的渗透效应,提高活性成分的吸收和传递,达到防治目的。由于C—F 键能极高,与氟结合部位稳定性好,更提高了含氟化合物的生物活性。此外,杂环化合物由于与生物体某些部位(如嘧啶胞或氨基酸)的相似性,故更能发挥其作用。

为此,含氟及杂环化合物成为新农药创制的目标。据不完全统计,在 20 世纪 90 年代开发的新农药中,有 70% 左右为含氟或含杂环的农药品种,而 50% 为既含氟又含杂环的农药,但在杂环结构中,直接含有氟原子的农药则仅为 15% 左右。这可能是由于合成上的困难所致。由此可见,含氟、含杂环的化合物仍将是新农药开发的方向,尤其是在杂环结构上含有氟原子的化合物,更值得人们考虑。

(5) 先进合成技术也是农药开发中的重要方向

为了提高农药合成效率,尤其是做到“清洁生产”以确保环境安全,人们开发了不少新的有机合成方法。特别是近年来,由于仪器设备、试验手段等方面的迅速发展,更促进了农药有机合成反应的开发和提高。新颖的有机合成技术,不仅为了提高收率、改善环境,还可节约资源、保证持续发展。目前新开发的有机合成技术有:声化学合成(利用超声波加速化学反应)、微波化学合成、氟碳相化学合成、水相中有机合成、固相合成、室温离子液体有机合成等。这些现代的有机合成化学有的已在农药有机合成中应用。此外,人们还通过组合应用计算化学和信息化学来预测反应。此方法已在一些农药合成中进行了尝试,估计不久可予实际应用。

(6) 各种农业的发展及非农业用途，需要各种农药

目前，随着社会的发展，不少国家和地区（也包括我国）在保障粮食供应的前提下，也在进行农业生产结构的调整。有的地区由土地密集型农业向劳力密集型（或技术密集型、知识密集型）农业转化。由此，也从谷物生产向果树、蔬菜、花卉、中草药等方向转化。而果树、蔬菜、花卉等由于害物危害更为严重，故损失更大，施用农药也就更多，也将是农药发展重要方面。由于农业生产的转化，特色农业、设施农业、休闲农业、外向型农业应运而生，这些生产技术需要新的、与之适应的农药品种。此外，农产品的保鲜、储藏及加工也需要农药，并也是一个重要的发展方向。

非农业用途的农药应用，是农药发展的一个不可偏忽的领域。农业、牧草业、家庭住宅、公路铁路、渔业、畜牧业、养蚕养蜂业甚至工业上的防菌、防霉、防蛀等均需要农药，并且越来越受到关注。这些不同的领域，需要不同性能、不同加工形式的农药品种和产品。

(7) 不少传统农药依然有一定的市场，同时也会受到更多的责疑

虽然化学农药因长期不合理使用所造成的环境污染、对非靶标生物的杀伤、害虫抗药性和农药残留等负面影响越来越明显，其使用也受到越来越严格的限制。但我们不得不承认，几十年来，不少传统农药为农业生产和人们日常生活做出了不朽的贡献，并且还将为人类做出贡献。

但目前世界上销售额占前50位的50个农药品种中，仅有8个在我国存在着知识产权问题。而在20世纪80年代前开发的农药品种亦达39个之多，其中不少为20世纪50年代开发的品种，如2，4－滴、利谷隆等。由此可见，传统农药仍有并将继续有相当的市场前景。这是由于它们药效较好、价格低廉、农民使用习惯，而一些新的农药品种尚难与之竞争。但是，这些农药品种也越来越受到人们的责疑。对此，一方面要认真对待，真正了解这些药剂究竟有没有不良影响，绝不能“见风即雨”；同时，也应积极努力去改进，除了品种替代外，对这些传统药剂也应从加工形式、使用方法等方面进行改进，以能克其弊而扬其利。

(8) 人们越来越注重农药剂型及农用药械的研究开发

剂型加工犹如厨师烧菜。首先要原料新鲜、品种对位，但更重要的是加工。

厨师的水平不同，加工出来的菜品级也不一样。由于环境的要求、药剂性能、应用对象等不同，对剂型的要求也不一样。农药是精细化工，剂型则是精细加工，尤其是当前高活性的农药，每亩地仅使用几克，甚至1克以下，这就更要求有好的环保型的剂型，以及与之配套的各种助剂。这是人们十分关注的内容。

目前世界农药剂型正朝着水性、粒状、缓释、高含量、多功能、安全、省力化和精细化的方向发展。在这种趋势下，乳油逐步被不含或少含有机溶剂的剂型如水乳剂、水悬浮剂所替代。同时，开发高浓度、高含量的乳油，目前已有含农药有效成分90%～96%的乳油商品化，如90%乙草胺乳油，几乎不用或很少用有机溶剂。再如稻田用药量大，施药难度大，为此开发的大粒剂、水溶性袋装粒剂、泡腾片剂和撒滴剂，使在田埂上施药成为可能，既方便，又省力。

同时，与现代药剂及剂型配套的先进农用药械研究开发亦是十分重要的一个方面。当代科学使用农药的要求是应将农药最大限度地击中生物靶标，而最少地危及环境，“使农药成分刺向害物的剑，而不是禾莠不分的镰”。因此，农药剂型确定后，必须采用适当的施药机械以提高施药质量。当前，农药的剂型和药械也是世界各大公司研究的重要内容之一。

（9）转基因作物将进一步影响世界农药市场

从1996年在美国抗除草剂转基因作物问世以后，10余年来世界农业发生了很大的变化，并对全球农药市场产生了极大的冲击。它使草甘膦品种从几十年前1亿多美元的市场迅速发展到40亿美元以上的销售额，成为销售额最高的农药品种。此正得益于抗草甘膦转基因作物的问世。

由于抗除草剂转基因作物多为抗非选择性除草剂，从而使全球非选择性除草剂的销售额大增。在2005年全球除草剂销售额为148.62亿美元，而非选择性除草剂的销售市场即达46亿美元，占30%左右。当然，其也相当程度地影响了大豆、玉米等主要抗除草剂转基因作物的选择性除草剂的市场。在美国，原以销售大豆田用选择性除草剂——咪唑啉酮类除草剂为主的氰胺公司，也因此退出了农药市场，而被巴斯夫公司所收购。同样，含有苏云金杆菌毒素（Bt毒素）的抗虫棉的问世，也大大影响了棉田杀虫剂的市场。

由于杀菌剂的防治对象是动物、植物和微生物三大类生物中最低等的生物，最容易产生抗性，同时也最不容易培育商业化转基因作物。因此，近年来的转基因作物的产生对杀菌剂的影响最小。

（10）绿色环保是必然的方向

随着社会的进步，人们对环境的要求越来越高。农药事业发展的过程，是人们认识的过程，包括对环境认识的过程，更是时代进步的过程。对此，人们也从各个方面采取各种方法予以保护。如不断开发新的高效、安全的环境友好型农药取代用量相对较大的传统化学农药，研发环保型的水性化、颗粒化剂型等取代对环境影响较大的乳油、可湿性粉剂等；以减少或取消溶剂、提高效率、加强安全、降低能耗、减少“三废”为目的，研究与开发先进的合成工艺和方法。在农药应用中，人们也采取各种手段，如采用“有害生物综合治理（IPM）”和“有害生物可持续治理（SPM）”等体系，使用最合适、最安全、最少量的农药，达到最有效地防治害物的目的。

（11）对农药的管理更加规范化、合理化

为了确保农药的绝对安全，世界各国，特别是发达国家均对农药颁布了严格的规定。对农药管理的关键是对环境的保护。

与任何管理工作一样，做好对农药的管理，不仅是遵循相应的法律法规，完善作物保护相关的管理工作，更重要的是研究与开发。也就是在制约不适应社会需要的同时，更应建立有效可持续发展的害物防治手段。即做好“做药的”与“用药的”之间的平衡，这应该是作物保护“研究与开发”的内容，也是管理工作的内容所在。

管理工作要体现合法、合理、合情。要围绕一个中心“农业生产与环境保护”，站在两个角度“生产者和使用者”，达到一个目的“农业生产可持续发展”。

美国是全球农药用量最多的国家，也是管理制度最为规范的国家之一。美国主要通过《联邦杀虫剂、杀菌剂、杀鼠剂法令》（FIFRA）、《联邦食品、药品和化妆品法令》（FFDCA）、《食品质量保护法令》（FQPA）三项法规进行管理。

美国农药管理以联邦管理为主，并与各州政府密切相关。1970 年，美国建立了国家环保局（EPA），其归集了美国食品与药物管理局（FDA）、内务部、农业部三个部门的有关力量作为农药管理部门。在国家环保局的牵头下，美国农业部、食品与药物管理局、职业安全局、卫生管理局和消费者产品安全委员会也分别被授权其各专业的有关农药管理。

目前，美国登记了2万余种农药产品，美国环保局对农药生产、销售、使用以及农药在作物上的施用剂量和在食品中的允许量进行管理。

1）对于农药的生产管理。EPA根据FIFRA颁布了《农药登记和分类程序》《农药登记标准》以及农药再登记顺序；根据FQPA对每个登记农药进行周期性评估。

2）对于农药的运输管理。EPA制定了《危险物质运输法》《固体废物处理法》及《清洁水法》。如果在运输过程中发生农药泄漏，当事人必须在事发时立即向EPA的国家反应中心报告，并将受联邦运输部依法惩处。

3）对于农药的销售。按规定从事农药销售必须获得EPA颁发的农药经营许可证。此证每年考核、换证。对于限制使用的安全性较差的农药，必须在规定的销售点进行销售。

4）对于农药的使用。根据FIFRA的要求，EPA在农药登记时须将农药产品分为“一般性使用”和“限制性使用”两类。前者指较为安全的产品，只要按标签使用，不会对人类和环境有重大影响，主要为一些使用技术要求并不太高的农药品种；后者则为那些对人类和环境有较大风险，或使用技术要求较高，即使按标签使用也会对人类和环境产生负面影响，或达不到使用效果的农药产品。目前美国限制性农药占全部登记品种的25%左右。美国对此制定了专门的资格证书条例，规定此类农药的使用者需经一定培训，使其具备正确使用农药及最大限度降低农药负面影响的能力。农药使用者（包括经销商和科研人员）必须取得EPA颁发的资格证书，并按标签说明在正确的时间以合适的方式使用，从而确保农产品的农药残留量符合规定要求，而超浓度使用农药则被视为违法。

美国各州的农药管理机构具体负责本辖区的农药使用管理。这些根据本州情况，制定相应的法规，并在执行EPA基本要求的前提下制定相应条款，但必须高于EPA的最低标准。州内大学则配合管理机构进行农药知识普及和使用技术培训，EPA则以资金支持。

5）对于农药残留的监控。FFDCA 批准 EPA 所制定的农药在食物和动物饲料中的最大残留量或允许量，FDA（水量、蔬菜和海产品）和 USDA（肉、牛奶、家禽、蛋和水产养殖品）分别负责监控和制定食物中农药残留量和允许量。同时，EPA 凭依 FQPA 于超市散发有关讨论食品和农药的小册子，以更好地向公众公开信息。

此外，美国的《濒于绝灭的物种法》规定，禁止有对人和动植物及其栖息地造成危害的行为。EPA 必须遵依此法，保证其所批准登记的农药不会对物种产生危害。

农药是人类在同大自然有害生物进行长期斗争的过程中形成和发展的，它确保了农业的稳定和丰产及人类对食品的需求，可谓是一部人类与大自然的斗争史。农药的发展亦是一部人类社会发展的进步史。随着社会的进步和人们思想意识的提高，人们对环境质量提出了更高的要求，同时对农药的要求也越来越严格。从含汞、砷、铅等高毒无机农药到滴滴涕、六六六等大多数有机氯杀虫剂和甲胺磷、磷胺等部分有机磷杀虫剂，乃至氟乙酰胺、杀虫脒、毒鼠强等因毒性、残留和对环境的安全等问题而被禁用，尽管它们曾对人类生存与发展做出过杰出贡献。农药的发展也是一部人类科学技术的发展史。当今农药的研发不单单是化学与生物学的结合，而是多学科交叉融合的综合性科学，并且广泛应用了计算机、大型仪器分析、高通量和微量筛选、组合化学、基因组虚拟设计与合成等各种高新科学技术。这些先进技术的应用极大地推动了农药的发展与进步。我们相信，随着科学技术的不断进步，农药事业将会越来越健康地发展并将继续为人类的生存和社会的发展做出贡献。

5　从农具到农业机械

纵观中华悠久历史，农具作为人类操作农事过程中改变劳动对象的器具，已有上万年的发展历程。在原始时期，农具仅能利用石、木、骨和蚌壳等材料，冶铁业的兴起，使农具发展出现了大的变革，铁制农具代替了木、石材料农具，从而使农业生产力开始了质的飞跃。中华农业，地域广阔，民族众多，农业生产工具丰富多彩，农具的类型从简单田间作业工具到用于农产品的运输、储藏、加工、提水及灌溉器具，无一不反映中华民族的聪明和智慧。农具的变革跟随时代的发展，在农业生产中起到了举足轻重的作用，它提高了劳动生产率，降低了人们的劳动强度，同时在提高农产品的产量和质量方面也是功不可没。中国是世界上农具发明改进时代最早的国家，但从农具发展到农业机械仅有不足100年的历史，原则上讲没有机械动力的生产工具称不上农业机械，直到20世纪50年代，新中国的成立才有了我国自有的农业机械。近半个世纪以来，我国农业机械得到了快速的发展，已从最初的半机械化工具发展成为具有全程化、自动化、智能化的机械装备。

本章主要介绍我国从远古时期的农具发展到21世纪初期的现代化农业机械的变化进程，以及农具和农业机械的种类、特点。

5.1　古代的农作工具

中国是一个农业大国，中国的农业拥有五千年悠久的发展历史。长期以来，为了提高农事操作的生产效率和节省劳动力，农业生产者一直致力于劳动工具的改革，在历史的发展进程中，众多的农具发明家及能工巧匠在农业生产实践中发明创造了适应于不同地区和不同类型的生产工具用于农业生产，并不断得到创新、改造，为人类文明进步做出了贡献。古代农具可分为石器时代和有了冶金技术的铁器时代，其特点是人畜力驱动为主，后期有些机具借用风力、水力为动力，农具制造就地取材，使用轻巧灵便，表现出我国先民的聪明智慧和创造才能。

5.1.1 石器时代的农具

农具的使用可以追溯到公元前9000～前8000年，人类开始从狩猎为主转向农事操作，将植物的果实加以播种，并把野生动物驯服以供食用。人类不再只依赖大自然提供食物，有了农业和养畜业的萌芽，农事的需求使人们开始制作劳动工具。在原始农业时期，农业生产粗放，农具的材料以石、骨、蚌、木为主；种类可分为农耕用、收割用和加工用三类。农耕类大体有铲、耒、锄等；收割类包括刀、镰等；加工类最普遍的是石磨盘和石磨棒。此外，还有用鹿角制成的农具。

在中国，原始农具起源于仰韶文化时期（公元前5000～前3000年），劳动者发明了耕地工具——耒耜，主要用来翻整土地，播种庄稼，进行农业生产。耒耜的原始是两种工具，耒的元祖是尖木棒，它的主要用途是为播种戳穴，即在戳成的穴中放入种子，使之发芽生长；耜是用石料或骨料制作的表面积比较大，用以掘地、挖土。将耒捆绑在耜上，使耜有一个较长的柄，不仅可以站立操作，使受力方式发生了变化，而且使之同时用上手和脚的力量成为可能，甚至还利用上了杠杆的省力原理。同时由于工作部分是坚硬的石质或骨质材料，既锋利又牢固，于是耒和耜互相取长补短，结合成了复合农具。为了满足生产和生活需要，石器农具的种类在不断增加，除整地用的石器农具外，还有骨耜（图5－1）、石锄、石铲（图5－2）、石犁（图5－3）、石镰（图5－4）、蚌镰、骨镰和石斧、石刀等。石锄和石铲用于田间碎土、平地和消灭杂草，石镰、蚌镰、骨镰用于农作物的收割。农作物收获后脱粒、清选用的器具有连枷、石攀磷、扇车等。连枷用来拍打谷物，使籽粒掉下来，木制的扇车用来清除谷物中的草屑瘪粒等杂质。

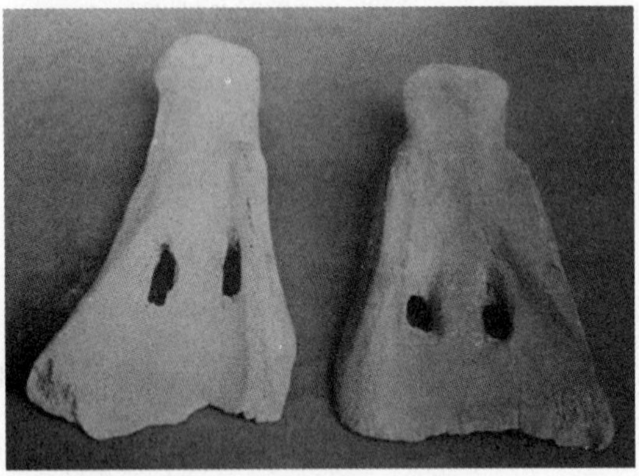

图5-1　骨耜

图5-2　双孔石铲

图5-3　石犁

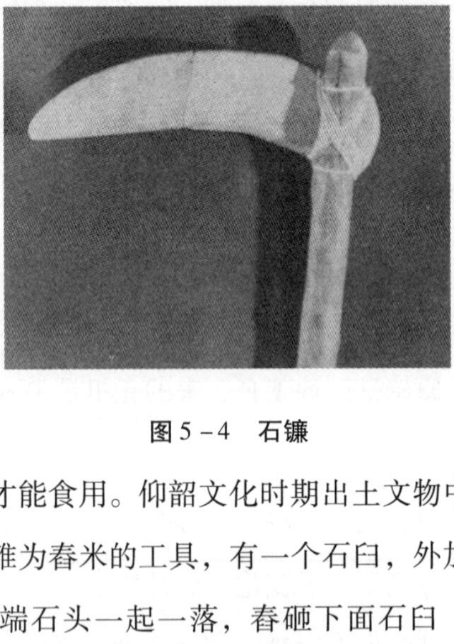

图5-4　石镰

谷物收获脱粒以后，要加工成米或面才能食用。仰韶文化时期出土文物中发现有用于加工粮食的碓、磨、碾、罗等。碓为舂米的工具，有一个石臼，外加一根杵或木槌，用脚连续踏动木杠后端，前端石头一起一落，舂砸下面石臼（图5-5）中的米粮（使谷成米或使米成粉）。磨，最初叫硙，汉代才叫作磨，是把米、麦、豆等加工成面的机械。石磨（图5-6）用两块有一定厚度的扁圆柱形的石头制成，这两块石头叫作磨扇。下扇中间装有一个短的立轴，上扇中间有一个相应的空套，两扇相合以后，下扇固定，上扇可以绕轴转动。两扇相对的一面，留有一个空膛，叫磨膛，膛的外周制成一起一伏的磨齿。上扇有磨眼。磨面的时候，谷物通过磨眼流入磨膛，均匀地分布在四周，被磨成粉末，从夹缝中流到磨盘上，过罗筛去麸皮等就得到面粉。

图5－5 石臼

图5－6 石磨

石器时代的后期，不但农具的品种越来越多，作业范围越来越大，而且加工工艺不断改进，在公元前5500～前4900年的文化遗址中，就发现有锯齿刃石镰出土，石斧和石刀上已有用硬质砂子磨削而成的孔，提高了作业效率和多用型，逐步由单式农具向复式农具发展，为后期的铲、锹、锨、犁、耧车等农业工具的进一步改进提供了基础，从而打开了农具新品种发展的大门。

5.1.2 铁器时代的农具

铁制农具的发展始于冶金技术的发明，人类最早的铁矿石冶炼起源于公元前1000年～前800年的古埃及，中国的铁矿石冶炼开始于约公元前500年的春秋战国时代，铁农具的使用是农业生产上的一个重要转折点，铁制农具代替了木、石材料农具，坚硬耐用，相对减轻了人力的劳动强度，并大大提高了生产效率，使大面积开垦农田成为可能，甚至使农业生产关系、土地耕作制度和作物栽培技术等也发生一系列的变化。

（1）耕整地机具

铁制农具首先是用在耕整土地作业中，在河南辉县的战国魏墓中，曾发现58件铁农具，有铁制的犁铧（图5－7）、锄、镰、斧等，构造虽然还很原始，没有翻土的镜面装置，但已能起破土划沟的作用。战国时期的农具绝大多数都是木心铁刃的，即在木器上套了一个铁制的锋刃，其入土作用加强，相比石器时代的木、石质农具，明显提高了生产效率。用于农田耕整土地的铁制农具有铁犁铧、铁锸和铁耨，铁犁铧具有 V 字形的犁头，碎土时有利于减少阻力，铁锸可增加翻土深度，铁耨则用于除草、松土和培土。秦统一中国以后，特别是两汉时期，由于冶铁业的大发展，不但铁制农具更加普及，成为“民之大用”，而且随着农业生产发展的需要，农具的种类增加，质量也大为提高。西汉中期以后，木心铁刃农具已被全铁农具所代替。随着牛耕的推广，耕犁也有所革新，除犁铧是全铁外，还创造了犁壁，从而更加有利于深耕和碎土。东汉时开沟用的巨型铧（图 5 –8），重达 15 千克、长达 40 厘米左右。唐代《耒耜经》中记载的曲辕犁，构造更加复杂和完备，由犁底等 11 个部件组成，已能根据需要进行深耕和浅耕，以及调节耕地的宽窄，操纵便利。从汉代起，如磨碎磨平土壤用的耱，中耕用的锄和铲，收获用的钩镰等农具都已出现，并逐步得到改进。至魏、晋、南北朝又有新的增益，如碎土保墒、平整土地用的耙（图 5 –9）就是在此时出现的。另一种农具耖也为这时所创。由石磙和木框架两部分构成的碌碡、陆轴，则是一种碎土压实器，到隋、唐、五代时，它又发展成为磙上带刺。同时期还出现了犁床或犁辕上附有改进的犁，可以清除芦苇杂草，便于垦耕。在水田生产中，则有平土用的刮板和中耕农具耘荡的应用。砘是一种土壤镇压器，它与耧车结合可以在播种后压实土壤。宋代秧马的发明，则可减轻稻田生产中拔秧的劳动强度。

图 5 –7　带冠铁犁铧

图 5－8　巨型铧

图 5－9　耙

（2）播种机具

公元前 475～前 221 年谷物播种机具得到了快速发展，其中耧车堪称是现代播种机的始祖，其结构精巧，制作方便，由耧架、耧斗、耧铧等部分组成。耧车分为一脚耧和二脚耧，耧架用木头制成，供人扶牛牵。耧斗是放种子的木箱，分大小两格。大格储种子，小格相当于播种调节门，有一个带闸板的出口，可以控制下种速度，均匀地播撒。耧铧则是开沟的铲子，由铸铁制成。汉武帝时，赵过在一脚耧和二脚耧的基础上，发明了能同时播种三行的三脚耧（图 5－10）。它的入土部分有三个铸铁式耧铧，播种时，用一头牛拉着耧车，耧铧在平整好的土地上开沟播种，在耧后边的木框上，用两股绳子悬挂一根方形木棒，横放在播种的垄上，随着耧前进，自动把土耙平，把种子覆盖在土下，这样一次就把开沟、下种、覆盖的任务完成了。再另外用砘子压实，使种子和土紧密地附在一起，发芽生长。这一时期还出现了高效率的联合作业农具如播种和施肥相结合的下粪耧车，一日可中耕 20 亩的耧锄等。

图 5－10　三脚耧

（3）中耕除草农具

最早用于中耕除草的农具有钱、铲和铫，这类农具需运用手腕力量贴地平铲以除草松土，也可用来翻土。另一类是耨、镈和锄，就构造说也大同小异，都是向后用力以间苗、除草和松土的农具，比钱、铲、铫要进步些，至今仍被大量使用着。春秋战国时已有了铁锄；汉朝以后的铁锄和近代使用的基本上没有什么差异。耘荡是水田用的除草、松土农具。王祯《农书·农器图谱·钱镈门》中有耘荡图。宋、元之际的《种莳直说》中第一次记载了耧锄，它是一种用畜力牵引的中耕除草和培土农具。

图5-11和图5-12为铜锄头和铁口锄头。

图5-11 铜锄头

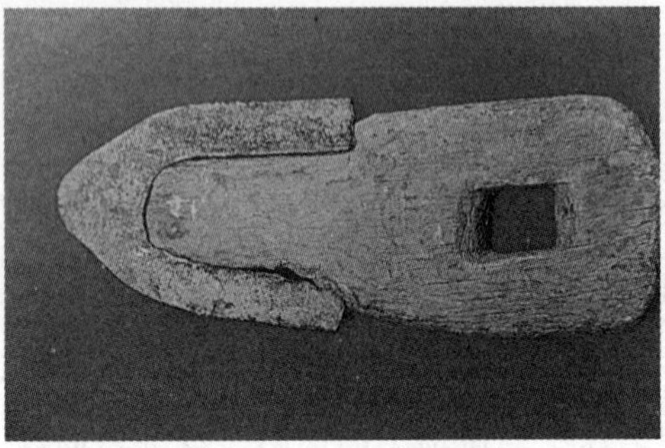

图5-12 铁口锄头

（4）收获农具

战国时期铁制的铚和镰代替了石器时代石制或蚌壳制的割取谷穗的石镰和骨镰，金属铁制的切割部件锋利程度及耐磨性有了较大提升。几千年来，铚和镰的基本形式一直得到延续和生产使用，在农业产品的收获作业中起到了重要作用。唐朝后期出现了拨镰、艾、翳镰、推镰、钩镰等更多形式的收获农具（图5-13）。王桢《农书·农器图谱》中记载的由麦钐、麦绰等组成的芟麦器（图5-14），是一种比较先进的收获小麦的农具。谷物收割脱粒后，利用比重和风力把秕壳与子粒分开的办法很早就使用了。从《诗经》中可以找到证明："维南有箕（箕斗，星名，二十八宿之一），不可以簸扬。"1973年河南济源县泗涧沟汉墓出土的陶风车模型，说明至迟西汉晚期已经发明了清理子粒，分出糠秕的有效工具。风车（图5-15）把叶片转动生风和子粒重则沉、糠秕轻则飏的经验巧妙地结合在同一机械中，新颖的创造反映出我国古代劳动者的聪明才智。

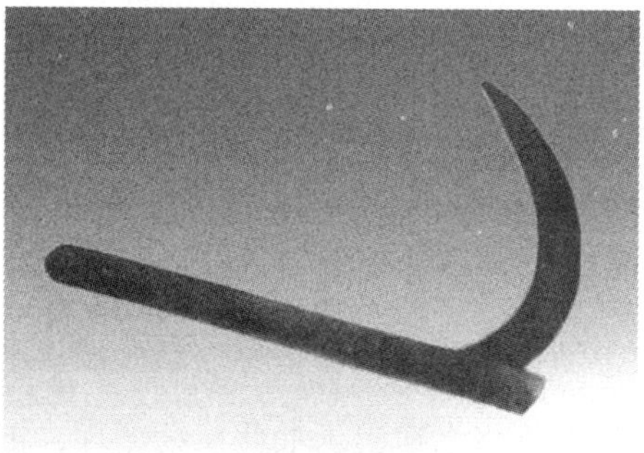

图 5－13 收获谷物的镰刀

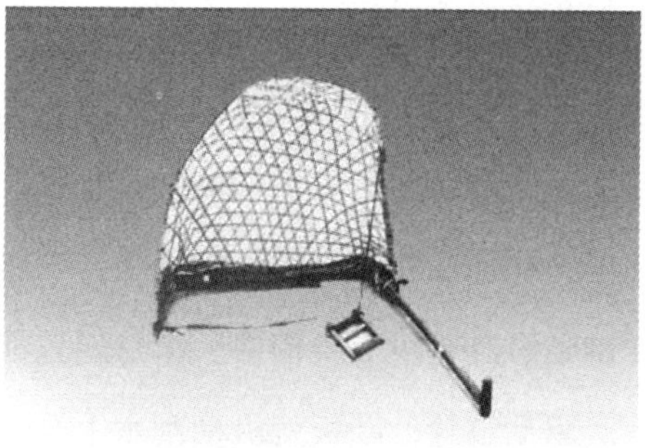

图 5－14 麦钐、麦绰组成的芟麦器

图 5－15 清理子粒的风车

由麦笼（收集割下谷物的笼子）、麦钐（shàn，一种长形的镰刀）、麦绰（一种竹篾编成的抄麦器，形状像簸箕而稍大，它的一边装有钐刃，当挥刃割麦穗时，麦穗自然落到绰里）三部分组合的收割作业农具，麦笼安装在下面有 4 个小轮的木架子上，用绳系在腰部拖着走。割麦人用钐割麦穗，麦穗跟着落向绰里去，随手把绰里的麦往后倒到笼里，笼装满了以后就拉到打麦场上。

（5）水利灌溉机械

人工引水灌溉用于农田浇灌，在我国有着悠久的历史，引水灌溉最重要的方式是把低处的水引向高处，它需要提升工具。在这方面，中国古代有过不少灵巧的发明。人们熟悉的水车，也叫“翻车”“龙骨车”“水蜈蚣”。它出现于东汉、三国之际，最初只用来浇灌园地，后来被水田区的农民广泛采用，将近 2 000 年来，在生产上一直起着较大的作用。至 220 年的汉朝开始，人工引水灌溉机具有以下几种形式：

1）提水翻车。翻车是一种刮板式连续提水机械，又名龙骨水车，是我国古代最著名的农业灌溉机械之一，如图5-16所示。《后汉书》记有毕岚做翻车，三国马钧加以完善。翻车可用手摇、脚踏、牛转、水转或风转驱动。龙骨叶板用作链条，卧于矩形长槽中，车身斜置河边或池塘边。下链轮和车身一部分没入水中。驱动链轮，叶板就沿槽刮水上升，到长槽上端将水送出。如此连续循环，把水输送到需要之处，可连续取水，功效大大提高，操作搬运方便，还可及时转移取水点。我国古代链传动的最早应用就是在翻车上，是农业灌溉机械的一项重大改进。

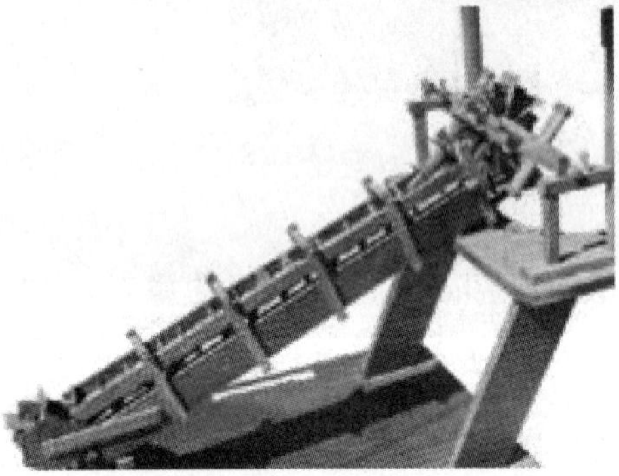

图5-16 提水翻车

图5-17 水转筒车

2）水转筒车。水转筒车是唐朝出现的水力机械，如图5-17所示。它的最大贡献是由人力提水发展为水力提水。水转筒车是由竹或木制成的轮形提水机械，竹筒或木筒在水中注满水，随轮转到上部时，水自动泻入盛水槽，输入田里。水转筒车的水筒与水轮联成一体，既是接受水力的驱动构件，又是提水倒水的工作构件，其机构简明紧凑，设计构思巧妙。

3）畜力龙骨水车。大约在南宋初年，龙骨水车有了新的发展，出现了用畜力作为动力的龙骨水车（图5-18），这是龙骨水车发展的一个新阶段。它的水车部分的构造和前面讲的相同，只是动力机械方面有了新的改进。在水车上端的横轴上装有一个竖齿轮，旁边立一根大立轴，立轴的中部装上一个大的卧齿轮，让卧齿轮和竖齿轮的齿相衔接。立轴上装一根大横杆，让牛拉着横杆转动，经过两个齿轮的传动，带动水车转动，把水刮上来。因为畜力比较大，能把水车上比较大的高度，汲水量也比较大。

图 5－18 畜力龙骨水车

图 5－19 水力龙骨水车

4）水力龙骨水车。在元朝《王祯农书》上还有水转龙骨水车的记载，可知这一机械的发明应该在《农书》成书之前，大约在元初，也有近七百年的历史了。它的装置如图 5－19 所示，水车部分完全和以前的各种水车相同。它的动力机械装在水流湍急的河边，先竖立一个大木架，大木架中央竖立一根转轴，轴上装有上、下两个大卧轮。下卧轮是水轮，在水轮上装有若干板叶，以便借水的冲击使水轮转动。上卧轮是一个大齿轮，和水车上端轴上的竖齿轮相衔接。把水车装在河岸边挖的一条深沟里，流水冲击水轮转动，卧齿轮带动水车轴上的竖齿轮转动，也就带动水车转动，把水从河中深沟里车上岸来，流入田间，灌溉庄稼。如果水源比较高，可以做大的立式水轮，直接安装在水车的转轴上，带动水车转动，这样可以省去两个大齿轮。在利用流水作动力的灌溉机械上应用了一对大的木齿轮，把水轮的转动传递到水车的轴上，来带动水车把水刮上来，进行灌溉，这是元朝机械制造方面的一个巨大的进步，也是人们利用自然力造福于人类的一项重大成就。

5.1.3 古代农具的动力

中国古代在机械方面有许多发明创造，在动力的利用和机械结构的设计上都有自己的特色。早期的农具主要是以人力来驱动，新石器时代后期开始驯服牛、马类动物为人类服务，春秋时期发明了简单的木制车辆，已经懂得用牛、马来拉车了。到公元前2500年，畜力已被利用到农业生产方面，当时人们除了利用牲畜驮拉运输外，并利用牲畜来帮助耕田和播种，图5－20为牛拉播种机。为更好地驾驭牲畜，人们发明了绳套和挂钩。绳套是把“一条杠”分解为两条绳索，套在牛的颈部，可使牛耕的牵引力加大；挂钩是将牛和后部的机具分开，分离方便。这样可以利用绳套控制牛的动作，犁身可大大缩短，回转方便，因而牛耕不但可用于水田、平地，且可用于丘陵山区。

图5－20　牛拉播种机

农业动力上除使用人力、畜力外，还较多地使用风力、水力来进行灌溉、排水和农产品加工。在金朝出现的S形挂钩，中原地区已普遍应用。它是改进了农具的动力和工作机构的连接装置，把本身拉力增大了一倍，改进了农业各工序上的农具如犁、耧、耙、砘、耘锄等以及畜力、水力、风力等动力机构与工作机的联系，提高了效率。人力龙骨水车因为用人力，它的汲水量不够大，但是凡临水的地方都可以使用，可以两个人同踏或摇，也可以只一个人踏或摇，很方便，深受人们的欢迎，是应用很广的农业灌溉机械。如图5－21所示。

图5－21 人力脚踏水车

5.2 近代历史上农业机具的发展

春秋战国开始到清代后期的2 000余年，受封建制度的限制，我国农业生产一直是小农经济规模发展，农业中所使用的工具虽然历代都有所改进和创造，有些甚至发展到较高水平。然而，农业生产工具的动力全是采用人力、畜力、风力或水力来驱动，大大限制了农业生产工具的发展和提高。中国近代史至1840年第一次鸦片战争开始，西方列强的侵入使中国变为半封建和半殖民地社会，接触西方农业事务的机会增多，中国人开始认识西方近代农业机械。鸦片战争后，机械动力和近代农具引入中国，其来源之一是外国资本家为了在我国倾销商品，掠夺农业资源，向我国输入近代农业机械；来源之二是外事交流中外交人员和因各种机缘出国人士通过农商交流、参观农业机械展览馆、农业机械制造厂等渠道接触西方近代农业机械。19世纪60～80年代，清朝的外交官在外事交流中近距离接触和直接感受西方的社会和科技，西方的新技术和高效率的农业机械生产水平使中国人惊叹，也引发了寻求民族振兴的有识之士们对改进中国农业机械的思考，促使我国的农业生产工具制造和使用趋向近代先进的机械发展变化。这个时期欧洲和美国开始使用蒸汽发动机，动力机的发明使得农业工具真正转变为农业机械，中国传统农具也随之有所革新。

1900年前后，清政府提倡振兴实业，并给予一些优惠政策，从而在全国范围内呈现出兴办垦殖企业的高潮，同时也将国外新式耕垦农机具和新的耕垦方法引进到国内。1903年，清政府成立农工商部，在多个省份创办农事试验场，一些农事试验场曾着手新式农机具的使用效果试验。1906年，山东农事试验场也从美国购回20多种农具，从日本引进数十种农具，进行新式农具使用效果试验。1908年，根据东北地区地势大多平坦、开阔比较适宜于新式耕垦农机具的特点，东北奉天农事试验场曾经从美国、日本等购买了各种犁耙、玉米播种机、割草器、割麦器等大批新式农具进行试验。民国的建立加快了先进农业生产技术与西方的交流，1912年，浙江省政府从美国购回两台铁轮水田用拖拉机及配套犁耙等农机具，后来交给浙江大学农学院实习农场。1915年，黑龙江三家农垦公司从海参崴万国农具公司支店购入5部马柯米拉拖拉机和其他机械农具进行大农式经营，主要种植小麦和燕麦，收获后在自己的面粉工厂加工成面粉，行销县内外。1929年，山西农事试验场购买美国农具公司所制最新式的拖车，带二行犁及三行犁、双行四盘耙、条播机、割捆机等。1947年，联合国粮农组织贷给中国拖拉机和联合收割机20多台，在南京八卦州办了农业机械推广示范区。

除引进推广国外农业机械外，该时期我国自发的农机具改进革新也有了较好的发展，值得追忆的是我国农业机械领域的先驱者在接受西方先进技术的同时，结合国内实情改进创新了一大批新型农机具，在推动农业生产改革中起到了重要作用。20世纪初自费到美国密歇根州立农科大学研究院攻读农科的张鸿钧先生回国后在内蒙古通辽自办农场，购买了部分美国农机具，并进行实验研究和改进，他结合我国垄种栽培的特点研制的车式一次两垄上垄播种机和一次两垄下垄播种机，由三四匹马牵引，一人坐于车上操作，一次完成开沟、播种、覆土、镇土，一天可种40~50亩；他还研制了马拉式禽式锄地机，由一匹马牵引，一人操作，既可铲除垄底杂草，又能用两旁的铲锄除掉垄旁杂草，开创了我国机械除草的先河。1912年，江苏常州奚九如先生成功推出以内燃机作动力的抽水机灌溉农田，并创立了常州厚生机器厂，并开始致力于抽水机的制造，后期上海、无锡一些机械工厂也相继仿造。1920年，留美学农回国的邹秉文先生主持东南大学农科、中央大学农学院工作时，重视农机具的教学研究与改良创制，改良的农具有：洋犁、五齿中耕器、棉花条播机（图5－22）、小麦五行条播机、三齿中耕器、乘坐齿耙、六寸双壁犁、十二寸双柄犁等多种。

图5－22 棉花条播机

1926年，江苏省昆虫局委托工厂仿制成功农田植保用喷雾器。1930年，浙江省植物病虫害防治所设置了药械设计制造室，成功研制出中国第一架防治农业病虫的喷雾器和几种农药。1933年，陕西省机器局改建后生产出链式机械水车、汲水机、凿井器和新行铧式犁、中耕器、轧花机、弹花机等，新式农具在农村开始推广使用，如在陕西洛川县发明的畜力收获车，三原县发明的人力收获机，经陕西省农业改进所鉴定、制造并使用，开创了在我国制造收获机械的先河。

1934年，陕西省棉产改进所成立，在关中主产棉区推广棉花单行、双行条播机、改良拉锄机和五齿中耕器，并开始使用背负式喷雾器防治病虫害。同年，中央农业实验所和中央棉产改进所合作，建立了喷雾器制造实验室。1936年，参照国外样机，研制成功压缩式喷雾器和双管喷雾器，最高时月产达600架，1937年全年生产3 761架，行销到江苏、浙江等23个省市，国产植保机械得到较快的推广。1943年，美国万国农具公司与我国农林部合作推广农机具，国民政府的农林部、中国银行、农民银行、交通银行和中央信托局等在重庆联合成立中国农业机械有限公司，而后移至上海，并在上海设立农业机械总厂。1946年，中国农业机械特种股份有限公司与陕西省农业改进所协商，用联合国善后救济总署给中国建立农具厂的设备，在陕西设立农具制造厂，该厂是后期西安农业机械制造厂的前身，为新中国农业机械生产制造业的发展做出了很大贡献。

与此同时，中国还建立了一些农机具科研机构，如1927年江苏省成立了农具研究所，1936 年成立的中国机械工程学会设置了农业机械组，1942 年成立了中国农具学会，为发展农业机械做了研究和组织工作。这些科研机构对发展新的农业机械做出了一定的贡献。总体上来讲，在新中国成立前的百余年的近代历史时期，我国政府和民间通过多种渠道引进并吸收近代西方先进的农业科技成就，农业生产中的劳动工具的革新在国外发达国家较先进技术的推动下有了较大的进步，国内有志之士在吸收国外先进技术的基础上根据我国国情仿制和发明研制了很多适应于当地条件的农作机械，为后期的发展创造了一定的条件。

5.3 新中国成立后农机制造业的建立

1949 年中华人民共和国成立初期，百业待兴，得到土地的农民投入农业生产的积极性空前高涨，急需先进的劳动工具投入生产，党和政府十分重视解决农业劳动生产力的问题，号召积极发展新式畜力农具，如步犁、耘锄、播种机、收割机和水车等，同时将引进、改造农业机具的动力作为发展农业机械的首件大事，先是从苏联引进第一批拖拉机用于东北地区的农业生产，再是结合我国实际情况走引进和仿制的道路，1950 年中国第一台轮式拖拉机在大连仿制成功；同年，陕西机器厂仿制生产了第一台履带式拖拉机，开创了我国自主研制生产农用动力机的先河，带动全国多个省份研制开发了多种类型的拖拉机和农用柴油机。1950～1958 年全国共试制生产轮式、履带、手扶不同型号的拖拉机 155 种，尽管质量水平不高，的确给全国高涨的农业生产提供了有效的机械化支撑。

在发展农用动力的同时，国家开始大量推广效率高、轻便省力、耕作质量好的各种新式农具。1950 年 5 月，当时的国家政务院在中南海举办了新式农具展览，展品包括各类农具 50 余套件，对新式农具的推广起到了重要意义。1951 年国家着手在各地建立新式农具推广站，到 1957 年，全国共设立新式农具推广站 590 余处，推广新式畜力农具 511 万部，其中双轮双铧犁（图 5－23）、三铧偏置犁（图 5－24）、新式步犁、水田犁、山地犁等 367 万部，圆盘耙 8.5 万部，钉齿耙 3.7 万部，播种机 6.4 万部，镇压器 4.3 万部，收割机 1.8 万台，脱粒机 45.4 万部。大量新式农具的推广使用，使大部分地区，尤其是平原旱作地区农业生产工具落后的面貌有了初步改观。

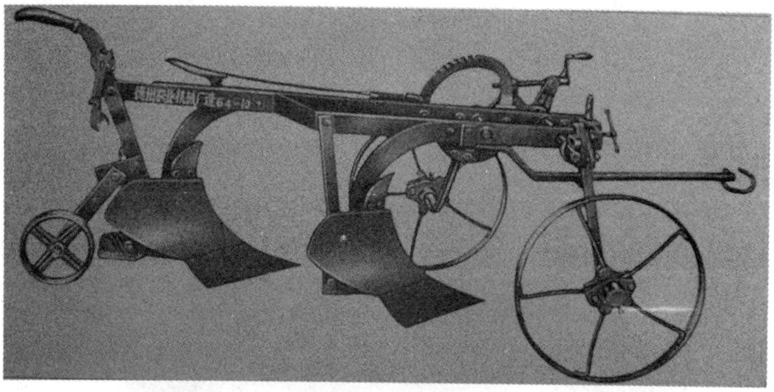

图 5-23 双轮双铧犁

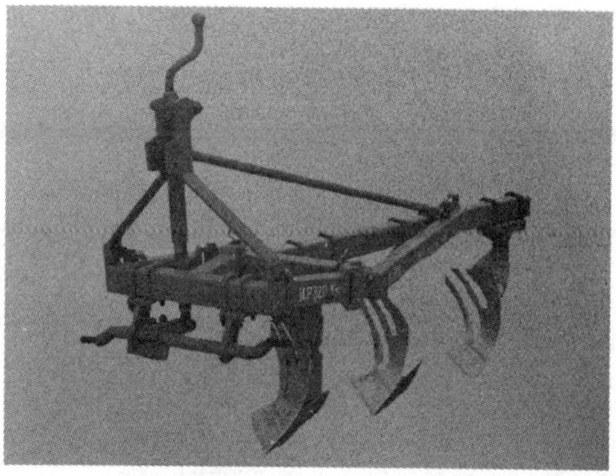

图 5-24 三铧偏置犁

5.3.1 20 世纪 50 年代农机生产基地的布局

新中国成立初期，为了进一步推进农业劳动生产力的提高，国家开始有计划地在全国范围内建立各类农业机械生产企业，50 年代后期，拖拉机及其配套农机具制造工业相继而生，1958 年 9 月国家第一机械工业部组织召开全国拖拉机生产布局会议，首次提出了在我国拖拉机设计生产的系列型谱，并根据国内农业种植的区域特点，布局不同规格和型号的机型在南北方设置相应的企业生产，中原地区洛阳第一拖拉机厂于 1959 年建成投产，出品北方旱地中型轮式拖拉机（图 5-25）和履带拖拉机（图 5-26）；1960 年上海拖拉机制造厂、江西拖拉机制造厂、广西柳州机械厂等设计生产南方水田用中小型轮式及手扶拖拉机（图 5-27）；天津拖拉机制造厂、鞍山红旗拖拉机厂及东北的长春、佳木斯农机厂主要生产适应于国营农场用的中型以上轮式和履带拖拉机。

图 5－25　最早的国产轮式拖拉机

图 5－26　最早的国产履带拖拉机

在配套农机具方面，为尽快发展农业生产，配合 20 世纪 50 年代的农业合作化运动，全国掀起了革新农具的高潮，国家在南北不同地域设置了农业机械研究单位，并开始设立以农业机械专业为主的院校，培养我国自己的农业机械研究设计人员。该时期国内农机企业仿制和自我设计了多种类型的新农具。在耕作机械方面，东北地区建立有灵山农具厂、黑龙江省第一机械厂和辽东农具厂，设计生产的双轮双铧犁推广到全国应用。华北农业机械总厂（现北京内燃机总厂）生产有旱地步犁，西北农具研究所设计生产了山地犁，华中和中南地区、广东广西相

图 5－27 手扶拖拉机

继生产了不同型号的水田犁。在种植机械方面，新中国成立初期主要是对传统的木制播种耧进行改良，安装机械式排种器，仿制国外畜力和机引播种机，1950年，沈阳农具厂、西北农具研究所、哈尔滨农业机械厂、华北农业机械总厂先后引进仿制苏联 4～12 畜力谷物条播机，1955 年始由辽宁农具厂、西安农机厂引进仿制了机引 24 行谷物播种机（图 5－28）、48 行谷物播种机和 4 行棉花播种机等，改变了几千年来的播种方式。

我国水利排灌机械一直是发展农田机具的重点，1950 年试制成功适用于深、浅水位两种型式的解放式水车。1955 年，国务院批准将解放式水车列为中央管理的 7 种农具之一，并召开了第一次全国水车标定会议，制定了统一的质量标准，1956 年全国水车的产量达 155 万部。1952 年开始引进和研制适合我国特点的中小型离心泵（图 5－29）。1953 年仿制成功单级双吸离心泵（图 5－30），1953～1955 年，长沙水泵厂和沈阳水泵厂自行设计了双吸离心泵，1953～1958 年，还开展了水轮泵、喷灌机、农用内燃水泵、深井泵等的研制，其中，福建省于 1956 年初建成第一个潮汐水轮泵试点站。

图5－28 24行谷物播种机

图5－29 离心泵

农产品收获机械化是解放劳动生产力，降低劳动强度的最有效手段。新中国成立初期，受牵引动力机的限制，主要还是发展畜力收割机为主，自1952年开始，华北农业机械总厂、天山农具厂（现鞍山拖拉机厂）仿制了波兰摇臂收割机，1953年正式投入批量生产。同期，西北地区也引进了捷克斯洛伐克的摇臂收割机，由西安农机厂生产，主要在新疆、陕西、内蒙古和黑龙江等地使用，由马拉牵引，后期改用拖拉机牵引，每日可收割80～100亩小麦。1958年开始自行设计小割幅的畜力收割机，有代表性的是陕西生产的太谷号和霍邱设计的自拔式小摇臂收割机。为更好地推进收获机械的发展，20世纪50年代后期国家规划在

图 5－30　单级双吸离心泵

我国的不同作物区域建立机械动力驱动或牵引的收割机生产企业，如东北区域的四平收割机厂、佳木斯收割机厂，西北部地区的新疆联合收获机厂，中部地区的北京收获机械厂、开封收割机厂以收获小麦为主；中南部区域的上海、浙江、江西等省份收获机厂，西南地区的广西桂林、广东广州等地的收割机厂以收获水稻产品为主。

除耕、种、收主要作业机械以外，全国各地区根据不同需求分别生产了中耕、植保、田间管理、畜牧养殖，渔业和农副产品加工等机械，相应提高了当地的农业生产机械化水平。

新中国成立后的前十年中央政府把农业发展作为头等大事来抓，我国农业生产的技术进步取得了巨大的成就，相应的农业生产工具的改革带动了农机工业的蓬勃发展，一大批农机制造骨干企业陆续投产，我们可自主生产耕、耙、播、收、中耕、植保、排灌、畜牧等多种类型的作业机械。到 1960 年，全国农机制造企业达到 2 600 多家，农机具制造修理厂共有 86 000 多个，对提高劳动生产率、促进农业丰产丰收起到了重要作用。

5.3.2　20 世纪 60 年代后期农业机械的快速发展

1960 年开始受自然灾害和冒进政策的影响，农机发展也遇到了一定的挫折，由于农机工业发展与当时农业农村经济发展不够协调，1961～1963 年，国家采取关、停、并、转等方式，对农机工业进行调整。国家有计划地新建和改、扩建农机制造企业，组织县、社铁木业生产合作社联营为规模较小的农具制造厂；1962年，国家决定将拖拉机站重新收归国营。到1965年，国营拖拉机站已发展到1 629个，拥有大中型拖拉机45 885台，手扶拖拉机539台，机耕面积达到1 558万公顷。随着拖拉机和其他农业机械保有量的大幅度增长，农业机械配件生产和修理成了一项十分迫切的任务。为此，国家开始建立农机修配网。国家首先帮助农业机械保有量较大的东北地区和河北、山东、河南等省把一些机械厂转为农机修理厂，增加修理设备，形成修理网络，同时还投资新建了一批农机修配厂。

1966年，国家提出“1980年基本上实现农业机械化”的奋斗目标，并对实现这一目标做了规划和部署。1966～1978年先后召开3次全国农业机械化工作会议，采取一系列行政手段，动员全党全国人民为1980年基本上实现农业机械化而奋斗，形成了全国性的农机化运动。国家对农机工业的投资增加到46.61亿元，重点扩建和提高现有企业，有计划地新建农机制造、配件生产企业，基本上建成了农机制造、维修、配件生产大致适应，门类比较齐全的农机工业体系。为提高农机工业的专业化程度，提高零件的互换性，降低生产成本，国家加强了农机产品的标准化、系列化和通用化工作，统一了柴油机系列型谱和定型设计，2.2～8.82千瓦手扶拖拉机，14.7千瓦、29.4千瓦、36.75千瓦、40.43千瓦、44.1千瓦的轮式拖拉机和55.13千瓦、58.8千瓦的履带式拖拉机，都设计了标准化的系列产品。1972年国产船式拖拉机，为中国南方水田特别是常年积水的沤田地区提供了多种用途的牵引动力。

尽管受到“文化大革命”的影响，在全国性的农机化运动推动下，在这个时期全国农业机械发展还是取得了较大的成就，截止到20世纪70年代末，全国农机生产企业达到1 829家，职工70.76万人，实现工业总产值103.7亿元，固定资产原值达到85.26亿元，形成了年产农用拖拉机13.85万台、手扶拖拉机35万台、联合收割机6 000台的能力。虽然未能达到真正实现机械化的目标，但全国整体农业机械的规模有了大幅度提高，我国农业生产中需要的各种农业机械，基本上都能够自己制造，改变了我国依赖机具靠进口、动力靠人力的格局。

5.4 改革开放初期农业生产机械的变革

5.4.1 农业生产模式与农机产品结构革新

1978 年中国农村政策发生了重要变革，取消了人民公社体制，实行家庭承包经营制度，农业生产方式由集体统一经营变为农户分散经营。大型农业机械的发展受到一定的限制，中央出台了第一个农村问题的 1 号文件，提出发展农业机械化的基本方针“在今后相当长的时期内必须是机械化、半机械化、手工工具并举，人力、畜力、机电动力并用，工程措施和生物技术措施相结合”。农机经营体制允许个人和联户购置使用农业机械，实际生产的需要促使中小型的农业机械得到了快速的发展，1980 年左右的一段时间内全国建立了上百家小型拖拉机生产厂，同时出现了多种规格的配套小型农机具，小型拖拉机、农机具出现了数倍的增长，给当时的农业生产带来了一定的促进作用，但也带来了类型繁杂，使用不规范、可靠性难以保证等弊病。不可否认的是土地小块承包，分散的小规模经营与高效的机械化之间有一定的矛盾。经过实践，国人普遍认识到农村改革的最终目的还是要解放劳动生产力，促进农村经济繁荣富裕，先进的生产工具必然要代替落后的工具，土地经营模式的改变必然带来生产工具的变革，如何适应新的体制变化，给农业机械化的发展提出了新的要求，体制的革新需要探求新的农业机械发展模式。在政府政策引导和市场需求规律的影响下，经过近 10 年的摸索，全国农业机械领域创立了具有中国特色的发展机制。

（1）调整农机产品结构，开发生产有中国特色的农机产品

农村实行家庭承包经营责任制后，农业机械化的外部环境发生变化。针对农民家庭经营规模小、投资能力有限的状况，发展以小型农业机械为主的农业机械化，而针对保留的国有农场和东北、西北大农区，仍以发展中型以上的农业机械为主。农机生产企业面向市场需要，开发适合小生产规模、适合农村购买力、适合国情的农业机械，特别是注重设计生产具有中国特色的农机产品。

20 世纪 90 年代相继开发的具有国内特色的主要产品有四大类：第一类是农用运输车，当时由于受载重汽车价格高的限制，在农村，农民多用拖拉机作为运

输工具，部分农机企业在拖拉机基础上设计生产了较简单的三轮和四轮运输车，它不同于汽车，也不同于拖拉机，是发达国家没有的产品。由于价格低廉，适应性好，深受农民青睐。1988 年，根据实际需要，国家对农用运输车的载重量和速度做了限制，进一步推动了农用运输车行业的发展。1993 年，农用运输车产量达到 130 万辆，超过拖拉机产量，成为农机制造业的第一大行业。第二类是收获机械，中国收获机械总公司 1993 年投产的新疆－2 联合收割机，采用轴流横向双脱粒滚筒结构，积木式部件设计，结构简单，脱粒性能优于国外产品，特别适宜我国单产高、作物收获时比较潮湿、难脱粒的状况，既可在大面积地块收割，也可在几分地的小地块中作业，非常适合实行家庭联产承包责任制后联合收割机作业频繁转移、频繁卸粮的特点，成为联合收割机市场上的主打产品。另外针对联合收割机利用率低而设计的背负式联合收割机，由桂林联合收割机厂生产，它自身不带动力，与 13.23～47.78 千瓦拖拉机配套，可提高拖拉机的利用率，是一种我国独创产品，价格低廉，一机多用，特别适合我国农民低购买力的状况。第三类是在旋耕机基础上改进设计的可完成秸秆粉碎、旋耕覆盖、施肥、播种的复合作业机，一次完成多项作业，减少程序，深受农民欢迎。第四类是小型系列节水灌溉机械，包括农用水泵、小型喷灌机，施水播种机、移动喷雾车等，在当时条件下对抗旱保收起到了积极作用。

（2）形成“计划＋市场”的运作机制

1980 年以后，国家对农机化的政策进行了逐步的调整，形成了农业机械化“计划＋市场”的运作机制。一方面，国家继续实行计划经济体制下一些支持农机化发展的行政、财政、金融政策。一是继续对农机产品实行价格管制，保证农机产品以较低的价格供应农村。二是积极鼓励农机企业产品销售进入市场调节，政府出面举办多种类型农机展销会，通过市场竞争提高产品质量，增加品种，提升农机产品科技水平。

（3）形成政府由管理变服务的运作机制

农机管理部门也改变了过去对农机经营者管得过多过细，干预农机经营活动，确定收费标准等做法，转到了保护农机经营自主权、搞好农机化服务体系建设、为农机经营者服务、安全生产管理等方面，使农机作业向市场化、社会化发展。以我国独有的全国性跨区机收小麦为标志，使联合收割机使用时间从平均每年7～10天增加到1个多月，大大提高了联合收割机的利用率，既满足了农民对机械收割的要求，又使企业明白既要关注产品生产又要注重产品质量和售后服务。小麦跨区机收带动了小麦播种及其他作物机械化生产向市场化、社会化发展。

5.4.2 20世纪80年代国内农机工业的改革创新

20世纪80年代后期，我国农机工业在通过引进、消化、吸收和再创新，有力提升了制造能力和技术水平，拖拉机产业作为农机工业的代表产业，为缩小与先进国家拖拉机制造能力和技术水平差距，推进产品结构调整、加速产品换代升级，着手培养自己的高层技术人员队伍，为革新设计和生产自主的新系列拖拉机产品做好了人才和技术储备。90年代开始，以中国一拖集团公司为首的国内几家大型企业开始生产88.2千瓦（120马力）以上的大型拖拉机，同时，农机企业通过关键要素投入，坚持技术升级、引进技术和自主创新，研发、制造出一批代表中国拖拉机高科技含量产品，大大缩短了农机工业与国外先进水平之间的差距，产品制造能力和水平得到不断提高。改革开放过程中为了适应企业发展的需要，改革了计划经济时代国营一统天下的局面，吸收国外经验对企业原有的资本结构、组织形式、经营管理模式和体制进行了一系列变革，通过企业改制吸收民营资本进入和对外合资合作，多个地区建立了民营企业和三资企业，改变了原有的企业结构，初步形成了国有或国有控股的企业、民营企业、三资企业组成的多元企业结构。同时根据国内实际生产需要对农机产品结构做出相应调整，形成了基本适应我国农业生产需要的产品体系，包括种植业、畜牧业机械、农产品加工业、林业机械、渔业机械、农业运输机械，以及可再生能源装备等共7个门类，共包含了65大类、337个中类、1 374个小类。特别是在大田作业机械方面得到了快速的发展，内容涉及耕整地机械、播种栽植机械、秧苗栽插机械、秧苗准备机械、中耕机械、植物保护机械、收获机械、场上作业机械、谷物烘干机械、农田基本建设机械、排灌机械等。

5.4.3 国外农业机械装备新技术的引进

改革开放政策使我国的科技人员有机会走出国门学习发达国家的先进经验，将国外的先进技术带回国内吸收改进，1983 年沈阳、天津、长春拖拉机厂引进了美国约翰迪尔公司 35 ~ 118 千瓦轮式拖拉机系列制造技术（图 5 - 31 为约翰迪尔 904 拖拉机）；1984 年洛阳一拖集团公司、上海拖拉机厂开始引进意大利菲亚特公司 33 ~ 75 千瓦轻、中型轮式拖拉机制造技术。同时，国际间的农机技术交流与合作得到加强。国际上一些大型农机企业看准中国巨大的农机市场，与中国有关部门和企业合作，在中国开拓事业。国内企业在不断学习国外的先进经验和技术基础上，加大技术改造和升级换代力度，推进了国产农业机械产品质量的提高。为鼓励大型农业机械的进口，国家还制定了优惠进口税收政策。在中国举办展览会，也是农机界加强国际交流与合作的重要形式。自 20 世纪 80 年代以来，为提高农产品的整体水平，我国相继从国外引进了近 200 项先进技术，其中包括拖拉机、联合收割机、柴油机等整机制造技术，以及轴瓦、活塞等零部件制造技术，引进技术成为中国农机工业提高制造水平的一条有效途径。80 年代初，佳木斯联合收割机厂和开封收割机厂共同引进美国约翰迪尔系列联合收割机技术（图 5 - 32 为约翰迪尔联合收割机），开辟了改革开放后中国农机工业技术引进的先河。90 年代以后，中国江苏通过合资合作途径，先后引进了日本的洋马、久保田、井关等企业的半喂入联合收割机技术。赛迈道依茨 - 法尔公司在山东常林建厂生产拖拉机。至此，约翰迪尔、爱科、凯斯纽荷兰等全球农机巨头以及日韩优秀农机企业几乎全部进入中国并建立制造基地。法国、意大利等农机企业也加大了进入中国市场的工作力度。

国外著名农机企业的进入，对我国农业机械化和农机工业的发展起到了积极的推动作用。首先它们带来了先进的技术和新产品。外国企业在中国制造的产品覆盖了发动机、拖拉机、收获机、插秧机、整地机、畜牧机械、设施农业装备和基础部件等，同时还带来了采棉机、甘蔗收获机等国内空白产品，这使得我们实现农业生产全程机械化的进程大大加快。

外资企业在农机制造业领域的技术引入，促进了全行业的制造能力和产品质

图 5－31　约翰迪尔 904 拖拉机

图 5－32　约翰迪尔联合收割机

量的提升，促使农机产业链的全面升华。20 世纪 80 年代前，大多数国产农机产品给人的印象还是“傻、笨、粗”或“破铁皮上刷红漆”，进入 21 世纪国内的农机企业中数控加工、激光和等离子切割、电泳表面处理、自动焊接等先进技术已经成为农机制造企业必备的制造手段，农机产品的整体质量得到了很大的提高，尤其是国内农机产品的外观质量与国际品牌的差距在迅速缩小。到 2011 年底，全国 1 830 多家农机企业的工业总产值为 2 624 亿元。其中外资独资、控股农机制造企业有159家，外资企业个数占规模企业数的8.68%，外资企业总产值占11.5%，外资企业工业销售总产值占11.53%。

5.5 21世纪农业生产技术与装备的创新

进入21世纪，在工业化、城镇化步伐加快的背景下，我国农业生产集约化水平不断提高，专业化、规模化、企业化的农业产业化经营模式的持续推进，农业功能的不断拓展，使专业大户、家庭农场、专业合作社、农业企业逐步成长为现代农业的生产经营主体，现代农业生产方式的转型升级成为农机发展的重要机遇，农业机械的发展需要与农艺技术相融合，需要与生物技术、电子技术、信息技术及高科技空间技术相适应，发展精细农业装备和智能机械装备。

5.5.1 新型农艺技术与农业机械的融合

自2001年开始，农业生产技术的进步促使国内农业生产格局发生了巨大的变化，加入世界贸易组织之后，我国农业生产与世界农业发生了更加紧密的联系，首先是我国的主要农产品价格、质量与国际标准接轨，促使我国主要农产品向改良品种、提高单产、降低生产成本，提高生产效率与经济收益方向发展，相应农业生产工具必须与农业生产需求配套，提升产品质量，增加产品品种，适应农艺更高的要求。工业化、城镇化的推进加快了农村劳动力的不断转移，农业生产对机械化的依赖程度越来越大，传统的只讲农机服从于农艺已落后于高科技状态下的生产过程，如超级稻的机插秧难题，玉米的栽培技术和收获技术模式差别问题，种子精选、精量投种、施肥、病虫害防治、农产品高效收获和现代化的设施农业等问题，需要看农业机械能否完成其工艺过程，也就是说，农艺要依附于配套设备去实现，因此农业生产技术进步迫切需要农艺与农机之间的融合，特别是农业生产中各项新技术的集成应用日益扩大，集成技术生产所采取的先进农艺措施要实现标准化、集约化、规模化，这就要求农业生产工具跟随变革，集成机械、电气、电子技术、信息技术和工程技术，实现农机农艺一体的机械化、集成化、标准化、规模化。

进入21世纪，农艺技术的变革对农机多样性的要求加大，各级农机农艺部门都清晰地看到了不融合对现代农业发展带来的障碍和制约，伴随着农业产业结构的调整，农业机械的品种、质量不断提升，逐步由单纯数量的增加转变为质量与技术水平的提高；由以农田作业机械化为主转向经济作物、林草、畜牧、水产养殖业、设施农业机械等；从技术上向多功能农机具、农产品深加工装备、低碳节能型产品，包括资源利用综合技术的系统机械装备、机电一体化设备、微电脑控制的智能机械方面发展。

5.5.2　大田农业机械化装备

21世纪的前十年，我国政府将粮食安全生产作为国家头等大事来抓，通过实施一系列重大项目攻关，科技创新能力取得了明显的成效。首先是大田粮食生产确保种植面积和品种，相应的农业机械发展有了最好的机遇，2002年开始国家专门设置了农业机械补贴项目，确保了大田生产机械生产的稳定性。截至2008年全国小麦基本实现了全程机械化，水稻生产工厂化育秧设备、插秧机械、联合收获机械得到了大面积推广，特别是以收获小麦为主的联合收割机（图5－33）上增加了作业性能检测系统和作业速度智能控制系统；研制了联合收割机驾驶室人机工程实验平台及评价软件等。2005年国家组织了玉米收获机械攻关研究队伍，主要是在传统玉米收获机基础上研究适应我国特点的多个地区、不同行距的玉米联合收割机械（图5－34），2012年全国玉米机械收获量占全部收获量的比率超过了50%。同时国内多家企业开始了对经济作物机械化生产设备的开发，主要集中在种植、管理和收获等关键环节，如棉花机械化播种或移栽、采摘，薯类、鳞茎类作物的种植和收获机械化，油料作物和糖类作物播种、收获机械化。

土地的相对集中对大田高效动力机械的需求不断增加，在农用拖拉机方面，重点完成了节能型小型拖拉机和140千瓦拖拉机技术提升及产品产业化；大田植保机械开发方面，开展了低量农药喷洒技术和宽幅机动喷雾设备技术研究，针对高效施药技术重点研究了农药循环喷雾技术、防飘喷雾技术和均匀施药技术，开发了射流防飘喷头、恒压防滴阀和精密混药装置等关键基础部件，研制了高效低污染循环喷雾机、大田防飘喷杆喷雾机，小型均匀施药机具等植保机械产品，特别是农业航空作为农业机械化的发展和延伸，新型高效、喷洒药物均匀的农林飞机已研制成功并投放市场。

图 5－33　国产小麦联合收割机

图 5－34　国产玉米联合收割机

5.5.3　设施农业机械装备

设施农业生产在我国有悠久历史，唐宋时期已开始在温室内种植花卉和蔬菜，后来逐步运用到农产品的生产。20 世纪 80 年代后有了快速的发展，但生产环节大多是人工作业，一些大中型城市开始从国外引进部分现代化温室设备，但受成本太高的影响不能得到大范围推广。进入 21 世纪，人们开始注重农业产品高投入高产出、劳动力密集型的产业，同时农产品打破传统季节性，实现反季节上市，提高经济效益，实际需求加快了设施农业现代化的步伐，开始走向大型现代工厂化、室内设备运行智能化、环境控制安全无毒化。设施农业使用的主要机械装备或装置有微耕机、微滴灌装置、臭氧病虫害防治机、电子除雾防病促生机、机动和手动施药器具、烟雾净化和二氧化碳气肥器、频振式电子灭虫灯或黄光诱虫灯等。温室设施外使用的机械装备有草苫（保温被）卷帘机、卷膜器等。在设施养殖方面应用的设备主要有喂料机、喷淋设备、风机、冷水帘以及粪便处理设备等。2010 年后我国设施农业进入了高速发展阶段，全国种植面积超过 350 万公顷，其中日光温室面积超过 80 万公顷。设施农业装备从作业机械发展到与生物工程结合的自动检测控制，它包括无土或漂浮育苗播种生产线、便携式微型耕耘机、移动式精准喷药机械、蔬菜嫁接机器人、自动化作业采摘车、室内环境智能控制装置等新颖的设施装备等，特别是生物工程技术、电子技术与机械装备技术结合能够实时获取动植物生理、生态特征，通过信息传感技术装备实时监控动植物生长状态，最大限度地获得动植物生理需求信息，通过技术调节措施达到最佳的经济效果。

5.5.4 农产品加工机械装备

农产品加工装备包括各种粮食加工机械（图 5－35）、谷物干燥设备、油料加工机械（图 5－36 为油脂精炼成套设备）、棉花加工机械、麻类剥制机具、茶

图 5－35 粮食加工机械装备

叶初制机械、饲料加工机械、种子清选机械和种子处理设备等。此外，各种薯类洗涤切片和切丝机械，制淀粉和粉丝的成套设备，瓜果类洗涤、分级机械，各种豆制品加工机械，果品加工机械，烟草调制设备，发酵和酿造设备，以及乳制品加工机械等也是用途较广的农产品加工机械。我国农产品加工装备行业在20世纪80年代后期进入了高速增长期，21世纪初已发展成为具有一定生产规模和技术水平的重要行业。

图5－36　油脂精炼成套设备

截至2010年底，我国有粮食加工企业2万余家，其中日加工小麦能力200～400吨的企业近500家，日加工50吨面粉设备生产线4万～6万条，年加工能力达到3.5亿吨左右；大型的大米加工企业有黑龙江北大荒优质米（粳稻）深加工食品工业示范工程，湖南金健米业优质稻（籼稻）深加工食品工业示范工程，江西燕谷米厂示范工程，广西桂平香米示范工程。另外，现代人追求的具有营养、保健功能的留胚米，发芽糙米的生产技术与装备相继投入使用；我国的油脂加工设备制造企业400多家，生产的产品门类涵盖了干燥设备，清杂、分选、储藏、输送设备等，在油料的预处理、预榨、膨化、浸出、精炼及副产品的精深加工装备方面都得到了长足的发展。国内油脂设备制造企业可以提供3 000吨/天的预榨、浸出装备及500吨/天的油脂精炼成套设备，并具有生产制造油料综合利用方面的技术和成套设备。

在畜产品加工领域，目前我国的猪牛、禽类屠宰线进口和国产的生产线总共1 700多条，部分企业的机械化、自动化程度进入了国际先进行列，乳品和禽蛋制品、水产品加工机械在引进吸收的基础上有了快速发展，如鱼肉采集机械、鱼糜生产机械、鱼丸成形机、海带切丝机等，具有电脑程序控制系统的巴氏杀菌机、超高温瞬时灭菌机以及电脑控温的高温高压杀菌机都有生产，且能满足中小型农产品加工企业的需求。冷杀菌方面的技术如高压杀菌技术与装备、电磁波杀菌技术与装备、超声波杀菌技术与装备等处于开发阶段。图5－37所示为现代化的牛奶加工设备。

图5－37　牛奶加工设备

果蔬综合利用加工设备技术性能方面均有突破，如果汁提香、榨汁、分离、浓缩、果籽及皮的加工设备；蔬菜榨汁、脱水设备有了自己的产品，一些中小型的净菜生产线、气调保鲜设备及水果罐头加工设备，虽然在综合性能、自动化程度方面比不上国外先进水平，但基本上能满足国内中小型果蔬加工企业的需要；茶叶加工机械是我国的特色，现有各种茶叶加工机械的年产量已达2万台以上，高科技自控、光电、静电和计算机控制等先进技术逐步在茶叶加工机械上得到应用，目前我国的茶叶加工机械生产企业已经能生产红茶初制、绿茶初制及名优特茶加工成套设备和茶叶精制成套设备。设备的生产规模可满足 5 ~6 吨/年至 500 ~1 000 吨/年的茶叶初制、精制加工。

我国农产品品类之多在国际上具有绝对的主导地位，高性能加工设备发展有着潜在的优势，包括气流和微波粉碎技术、冷冻粉碎技术、真空冷冻干燥技术、低温和低压工艺、气调保鲜技术、核微孔冷消毒技术等高新技术的应用将有极大的潜力。

5.6 农业机械的自动化及智能化

5.6.1 电气化技术在农业机械上的应用

农业电气化指的是电能在农业生产和农村生活领域中的广泛应用，是农业生产机械化和自动化的重要技术基础。农业生产中电气化技术应用包括电能的生产、输送、分配和利用，以电力为动力的农用技术装备的发展，农村家用电子、电气设备的推广等。中国在 20 世纪 30 年代，南方河网地区已出现用小船载着内燃发电机组给抽水和粮食加工等设备供电。1966 年全国农业用电量已达 5.9×10^9 千瓦·时，1985 年，农业用电量达 5.089×10^{10} 千瓦·时，按乡村总人口平均的每人年用电量为 76.8 千瓦·时，每亩耕地年平均用电量为 35 千瓦·时。除由国家经营的大电网、大电厂供电外，还依靠地方政府和农民集资，大量兴办面向农村和小城镇的小型水电站，国家以适当方式给予补助和扶持。1983 年开始在全国选定了小水电资源比较丰富、办电又有一定基础的 100 个县作为农村电气化试点县，以带动全国农业电气化的发展。到 1985 年底，全国已建成农村小水电站 55 754 座，发电能力为 3 802 兆瓦，有 90% 的乡、70% 的村、63% 的农户用上了电。

农业电气化的范畴从技术上可能实现的农业用电项目在 500 种以上，遍及农业各个部门的所有生产过程和绝大部分生产环节以及居民生活的各个方面。21 世纪末，全国农村工业，粮食、食品和其他农产品加工业，供水、排灌、制冷、取暖、通风等农业固定作业已基本实现电气化；电气化已应用在部分畜牧场，所有供水、喂食、通风、换气、采光、取暖、除粪、挤奶、集蛋、杀菌等作业都可自动进行，从而保证畜产品的稳定高产；农业生产中的节水灌溉设备大部分是采用电气化控制；在农村生活方面，电气化首先在照明、广播、电话、电影、电视等方面取得进展，且随着农村生活水平的提高，城市中使用的各种家用电器也已在农村居民中逐步得到推广使用。

5.6.2 电子技术在农业机械上的应用

自20世纪90年代开始，微型化芯片的出现给世界电子技术带来了跨越式发展，成为推动各个领域技术创新的动力，也明显地影响着农业机械化技术的创新过程。电子技术、计算机技术、传感与检测技术、信息处理技术结合起来，应用于传统农业机械，极大地改变了其操作性能和作业质量。跨入21世纪我国农机工作者汲取了国外一些国家的先进经验、技术，针对国内实际情况改革和创新，形成了一系列适合我国农业特点的自动化控制技术和装备。

电子技术应用于农业机械装备的技术创新，可概括为如下基本领域：

一是农用拖拉机与自走式农业机械的电子设备正由早期的专用控制器向通用控制器发展，向网络化、智能化、分别式控制技术方向发展。如大型拖拉机配备独立处理信息与控制功能的计算机智能控制终端，具有统一标准设计的接口和采用了现场控制局域网络技术及其网络通信协议，可以自动控制行驶、自动检测耕深、耕宽或作物行列数、自动完成农机具的挂接作业；再如在联合收割机、播种机等机械上应用电子监控装置使操作者能随时掌握机器的工作状态并通过故障显示报警系统对某些执行部件进行调整以便保证作业质量和安全性能。

二是农业机械装置的自动化控制。它是在农业机械工作装置部位安装各类检测传感器，由编制的计算机程序或无线电遥控，通过人机界面了解各部件工作状态，及时获取过程信息，再通过控制传感器及时调整工作行程或位置，保证工作的可靠性、操作方便性、安全性，提高作业效率和作业精度，改善劳动者的操作条件。

三是农用机器人技术。它集中机械、电子计算机、自动控制、仿生等高科技的研究成果应用到复杂性和多变性的农业作业环境，农业机器人将能够自动收集处理作业对象的各种信息，根据作业要求针对目标物决定应选择什么样的操作形式进行恰当的作业，如在果实收获时机器人要根据果实本身的特性自行判断果实的成熟度；在除草和间苗作业时由机械本身自行区别出作物与杂草等。2010 年我国已开发出能够进行作物嫁接的农用机器人并将其应用到生产实际中，随着计算机智能技术的发展，农业机器人的实用化步伐将会进一步加快。

此外，进入 21 世纪，我国农业机械装备设计制造行业加快了引进消化、自主创新的步伐，在新兴农业机械制造技术方面广泛应用了计算机辅助技术。此外，在农业机械制造中，数控加工中心、精密铸造加工与喷漆机器人、焊接机器人等广泛应用到各生产企业，农业机械的制造质量与可靠性将进一步快速提高。

5.6.3 智能化农业机械

20 世纪 90 年代以来，国外发达国家智能化农机产生的极大效益震撼了我国的农业装备发展，特别是与航空航天技术结合提出了未来主导现代化农业发展的核心是“精细农业技术”。精细农业技术是综合应用地球空间信息技术、计算机辅助决策技术、农业工程技术等现代高新科技，以获得农田高产、优质、高级的现代化农业生产模式和技术体系；是运用全球定位系统（GPS）、地理信息系统（GIS）、传感器及检测系统、计算机控制器及变量执行设备等信息技术，对大田农作物生产和畜牧生产实施监控，从而提高作物和畜牧产量和质量，最大限度地保护生态环境，保证农业的可持续发展。精细农业技术在农业机械领域应用的关键是对机械作业过程、质量、效果的智能控制，前提条件是要结合电子技术、计算机信息技术和生物工程技术。特别是 21 世纪低碳经济时代的来临，对环境保护和资源节约提出了更高的要求。因此先进适用、智能化、精准化、多功能、高效率的保护性耕作、复式作业机械等促进可持续发展的农业装备已成为当今农机工业的技术发展趋势。

为了与世界高新农业技术接轨，国家高度重视现代农机智能装备与技术研究，2010 年列入了国家 863 现代农业技术领域计划的重点项目，由农业装备产业技术创新战略联盟组织实施，中国农业机械化科学研究院、江苏大学、现代农装科技股份有限公司、洛阳中收机械装备有限公司、山东五征集团有限公司等 22 家科研院所、高等院校和企业共同参与。同时，国内多家农机企业主动联合国内外著名农机研究单位和高校，相继开展智能农机装备的开发与生产，目前能够用于实际生产和进入中试阶段的产品有：

1）拖拉机智能导航和悬挂机组作业的智能控制（图5-38）。该系统由转向操纵控制器、电液控制转向系统、角度传感器、压力传感器组成，建立了拖拉机电液控制转向系统的数学模型，并通过适宜的控制电压信号来操纵电液转向系统，跟踪期望前轮偏角，实现拖拉机智能导航；在拖拉机液压悬挂系统中安装位置传感器、力传感器和速度传感器，通过配备的智能终端对拖拉机电子液压悬挂的各种农具作业状态进行检测和控制，由操作者在人机交换面板上对作业对象的控制方法进行比较分析，能够精确控制作业的效果和质量，能够自动识别障碍物，当遇到障碍物时停止作业并发出报警声，从而使拖拉机实现了自动化、智能化作业。

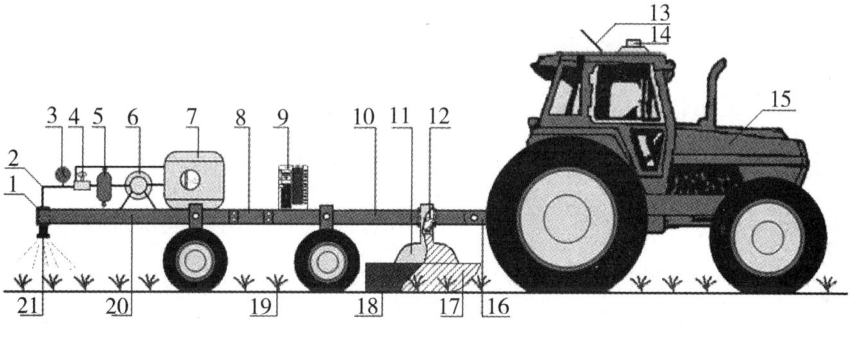

图5-38 智能化农业机械

1. 喷杆 2. 进水管 3. 压力表 4. 减压阀 5. 储压阀 6. 液压马达 7. 药箱 8. 连接机架 9. 机载计算机 10. 图像采集机架 11. 封闭箱体 12. 摄像机 13. 差分GPS天线 14. GPS 15. 拖拉机 16. 地平面 17. 灯光照明 18. 橡胶防护罩 19. 绿色植物 20. 喷药机架 21. 喷头

2）现代谷物联合收割机应用智能控制技术可以实现以下几个功能（图5-39）：割茬高度自动控制、脱粒喂入量自动控制、收割台自动仿形、谷粒损失率监测和显示等功能；自动监测并显示作业速度、脱粒滚筒转速等运行参数；故障诊断及报警；计算和统计作业面积、耗油率及产量等智能化功能。部分谷物联合收割机产品已装有卫星定位系统接收机和能采集、计算以及统计产量的各种传感器，利用监测和处理的数据，可在专用计算机上利用软件生成小区产量分布图，并通过彩色显示器向驾驶员显示或由打印机打印出彩色产量分布图。

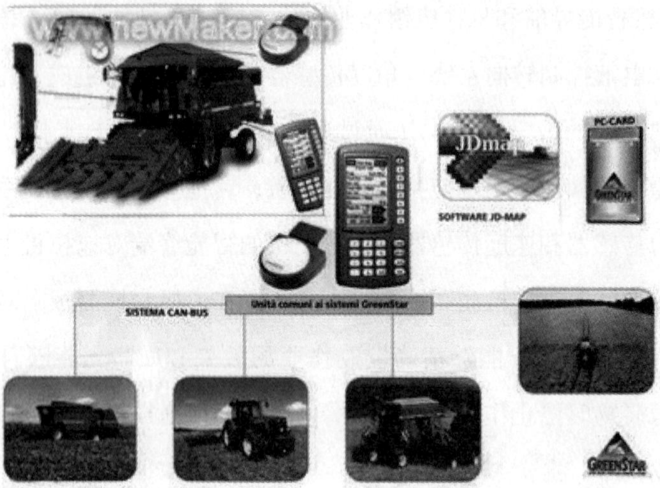

图 5-39 现代谷物联合收割和智能控制

下一代研制的智能联合收割机上将配置更完善的监测传感器、电脑控制中心，以及一些自动调节机构，不仅能有效地监视各个主要工作部件的工况，而且还能根据电脑控制中心的操作指令，驱动相应的调节机构，迅速进行自动调节，使各个工作部件处于最佳工作状态，获取最高的生产效率和最好的质量；设备能及时自动停机，以避免发生大的故障。现代智能收割机与遥感技术、卫星导向系统相结合，可实现收割作业的无人操作。

3）借助于计算机、全球定位系统（Global Positioning System，GPS）和灵巧的多用途拖拉机综合技术，可以准确施用除草剂除草的智能机器人在国内一些高校已进入攻关阶段。它主要是利用高分辨率图像采集系统，区分作物和杂草的色差和生物特征，携带的 GPS 接收器便会显示出确定杂草位置的坐标定位图，通过卫星传输或将这些信息当场按顺序输入便携式计算机，再把上述信息数据资料制成信息卡输到拖拉机上的一台计算机里。当驾驶拖拉机进入田间耕作时，除草机器人便会严密监视行程位置，遇到杂草区，它的机载杆式喷雾器相应部分立即启动，让化学除草剂准确地喷撒洒所需地点。

4）智能控制技术正在通过电子信息化技术改造和提升传统农业机械，提高拖拉机、联合收割机、播种机、植保机械、节水装备、农林飞机等系统控制水平和智能水平，促进自动化、智能化和精准化农业技术的研发及尽快应用，充分利用现有的高新技术，如节能环保型动力机械、保护性耕作新技术机具、精量播种机械、农业废弃物综合利用技术设备、节水灌溉设施、精确高效施药技术与机具、高效农业航空作业专用飞机及机载专用配套设备、农产品质量安全检测与监控设备等，以提高其生产率、安全性、舒适性等。

5）在引进吸收发达国家的先进经验基础上，国内研究机构已开始实施变量处方农作的谷物精密播种机、施肥机、施药机和灌溉等设备的实验开发，并开始了对棉花、甜菜、马铃薯、水稻、甘蔗、牧草和水果等收获机械产量计量传感器的研究。实施按处方图进行农田投入调控的智能化农业机械，如安装有定位系统及处方图读入装置的，可自动选择种子类型，按处方调节播量的小麦精密播种机，自动施肥、施药机，可控喷水量的喷灌机均已有部分商品化产品，并在继续完善之中。

图5－40为GPS控制激光平地机械，图5－41为航空植保机械，图5－42为精密播种机械，图5－43为自走式节水灌溉机械。

图5－40　GPS控制激光平地机械

图 5－41　航空植保机械

图 5－42　精密播种机械

图 5－43 自走式节水灌溉机械

回顾我国农业发展的历史，农业的发展首先得益于生产工具的进步，上万年之间，我们的祖先从最为原始的石制农具发展到具有现代文明的农业机械装备，农业生产工具的革新推动了农业生产的发展进步，可以说，由传统农具到现代农机装备，从一个侧面记录下了时代前进的步伐。农业是我国支撑国民经济建设的命脉，实现新时期的四个现代化农业占据首要位置，没有农业的现代化，就没有整个国家的现代化，农业机械化是推动农业现代化发展的动力。横向比较世界发达国家的农业发展，现代农业装备技术已向大型、高速和高生产率的方向发展，电子技术、计算机技术、空间技术等先进科学手段应用到农业机械中，取得了极高的多面效益。我国农业生产机械装备技术手段处在快速飞跃发展的重要阶段，在未来时期内，农业装备将成为国家优先发展的重点行业之一，特别是当前我国农业机械化已经由初级阶段跨入了中级发展阶段，预示着我国农业机械化将迎来一个高速发展的新时代。农业机械化发展进程蕴藏着巨大的广阔前景，必将推动现代化农业快速进步，未来农业生产将是一个高度的机械化、智能化、信息化操控的现代化模式。

6 农业信息技术的发展

农业信息技术是农业科技创新的前沿领域和技术先导，利用信息技术改造传统农业既是世界农业的发展方向，也是各国的共同选择。农业信息技术是以农业科学为基础、以计算机技术为手段，实现农业生产的信息采集、数据处理分析与应用的集成性农业技术，是作物生产技术的提升，农业信息技术在促进未来农业生产和整个农业科技进步中发挥着全局性的推动作用。利用农业信息技术不仅可以向农业生产管理人员提供科学的管理决策，向农业生产者提供技术和市场咨询服务，而且可以实现单项技术的集成组装，促进技术升级，全面提升农业和农村总体科技水平。因此，农业信息技术为农业生产的管理与决策、农业科技的创新与传播提供了新的思路、手段和途径，已成为农业科技发展和现代化水平的重要标尺。

6.1 农业信息化技术的产生与发展

进入21世纪以来，以基因工程为代表的现代生物技术引发了农业科技的革命，改变了农业生物原有的遗传特性，加速了农业生物的进化，推进了农业发展进程，并形成了新的生物产业浪潮。而以计算机、多媒体和通信技术为代表的信息技术也迅速渗透到了社会的各个角落，改变着人们的工作、生活和思维方式。当今社会是高度信息化的时代，近几十年来，信息技术以其广泛的影响力成为发展最为迅速的科技领域，对农业科技和生产方式也产生了巨大影响，信息技术在未来农业科技及产业发展中将会发挥更重要的作用，和生物技术一起将成为农业科技创新和发展的两大核心支撑技术。

6.1.1 农业信息、农业信息化及其作用

(1) 农业信息

农业信息是关于农业系统的消息、情况或知识，具有时效性、周期性和地域性的特点，主要可以分为：

1) 环境信息。包括与农业系统相关的生物、气候、土壤、地形、农业能源等信息。

2) 社会信息。包括农业政策、农业人口、劳力、科技、农资、农业基础设施等信息。

3) 生产信息。包括农业生产结构、生长状况等信息。

4) 市场信息。包括农业产品、农用物资、农用资金等流通信息。

(2) 农业信息化

农业信息化是指在农业各领域充分利用信息技术的方法和手段，以促进农业整体发展的过程，具体讲，就是在农产品生产、流通、消费和农村发展各环节全面应用现代信息技术，实现农产品生产和经营、农产品流通和消费、农业科技传播和服务、农业环境和农村发展等科学化和智能化的过程。

(3) 农业信息化的作用

农业信息化将会推动传统农业系统发生重大变革，支撑传统农业向现代农业转化升级，主要表现在以下几个方面：

1) 有利于农业科技创新与技术推广，提高农业生产水平，提升农村综合信息服务能力。

2) 增强农业生产过程的科学化、智能化和自动化水平，增加产量、改善质量、降低成本、提高效益，推动传统农业向现代农业跨越发展。

3) 实现对气象、环境的实时监测，避免或降低自然灾害对农业的损失。

4) 指导农业经营管理，提高农业和农村发展的政策决策水平，提高市场竞争力，减少经营风险。

6.1.2 农业信息技术

信息技术泛指获取、处理、存储、传递、使用信息的技术，农业信息技术是信息技术与农业科学相互交叉渗透而产生的新兴应用学科，通过自然、经济、社会等农业相关信息的采集、存储、处理、分析、传播和利用，从而对农业宏观战略决策、农业生产、经营等过程进行指导和管理，它是农业高新技术的一个重要发展方向，对传统农业信息服务和生产方式产生重大变革。

农业信息技术可实现农业生产过程的精准管理，其核心是通过计算机与“3S”（地理信息系统、遥感、全球定位系统）技术的集成，快速、准确地获取农业相关信息，并对这些信息进行编辑、分析和传播，从而实现农业装备信息化、生产过程自动化、经营管理网络化。主要包括以下几个方面：

（1）信息采集技术

信息采集技术是指突破人类器官的限制，对外界信息进行高精度准确获取，扩展了人类器官感知的范围、灵敏度和精确度，主要包括传感、测量、识别和遥感技术等，目前在农业中广泛应用的主要有遥感技术和全球定位系统。遥感即遥远地感知，是对目标进行远距离测量的信息获取技术，根据距离的远近，又可分为地面遥感和高空（航空）遥感，如利用遥感技术监测作物病虫害发生情况和产量。全球定位技术是利用卫星进行点位测量的技术，如利用定位技术可以知道信息采集点的精确位置、实现飞机精准喷洒农药等。

（2）信息传递技术

信息传递技术主要用于信息的迅速、准确和有效传递，也称通信技术，是传统信息传递功能的延伸；采集到的目标信息，必须快速有效地传递，才能够实现信息快速处理和反馈。信息传递技术包括光纤通信、卫星通信、移动通信、数字程控交换、信息高速公路等。

（3）信息处理技术

信息处理技术就是利用计算机对信息进行识别、转换、加工及存储的技术，比人脑具有更强的处理能力，如利用遥感监测到的作物颜色来估算产量就涉及信息的转化和加工。

（4）信息控制技术

信息控制技术是对传递来的目标信息进行处理后而做出的反馈控制技术，根据输入的指令实现对目标的干预。主要包括遥控技术、自动控制技术、机器人技术及人机接口技术等。

农业信息技术的四大内容必须相互融合才能形成一个完整的体系，从而去行使一定功能，其中信息传递和处理技术是农业信息技术的核心，信息采集和控制技术是与外部的接口，实现信息的输入和输出。

6.1.3 主要的农业信息技术

（1）全球定位系统（GPS）

全球定位系统也称为卫星定位技术。美国耗资200亿美元，从20世纪70年代开始研制，于1994年建成。GPS系统能够实现精准到厘米，甚至毫米的静态定位，精准到米的动态定位。

美国研制GPS的本意是用于导航、收集情报等军事目的，但后来逐渐延伸到其他领域。如GPS系统应用于水利部门，可为抗洪救灾提供极大的方便和帮助。在美国，农业领域借助于GPS系统，可以实现农业生产过程精准管理和联合收割机的自动化作业。

（2）地理信息系统

地理信息系统（Geographic Information System，GIS）起源于20世纪60年代，是分析、处理海量地理数据的技术，具有地理信息采集、存储、传输、处理、查询、输出和应用（辅助管理和决策）的综合能力。

利用地理信息系统可以对农业地理空间相关信息进行模拟和管理，实现对农作物生长、土地森林资源、农业气象等情况进行立体和可视化描述，并对相关信息进行综合利用。目前，主要应用于：

1）农业资源管理。实现对土地、森林、草地等资源进行分布调查、分级、统计、制图等。

2）土地和地籍管理。可完成土地性质、轮廓、地籍权属关系等许多工作。

3）生态、环境管理与模拟。可进行区域生态规划、环境评价、可持续发展决策、环保设施管理等。

4）应急响应。如发生重大自然或人为灾害时，可安排人员撤离和救援路线。

5）农业基础设施管理。实现农业基础设施，如电信、电力、燃气、灌溉、道路等的管理、统计和汇总，提高农业生产效率。

（3）遥感

遥感技术（Remote Sensing，RS），即遥远的感知，是不直接接触目标物而获取其信息的一种技术，根据感受器与目标物的远近，又可以分为地面遥感和航空遥感。包括传感器技术，信息传输、分析处理、应用技术等。

遥感在农业中的应用主要包括：

1）提供资源与环境动态数据。

2）为重大资源环境突发事件提供及时准确的监测数据。

3）产量估测。包括作物产量、产草量、水面初级生产力等。

（4）农业数据库

数据是现实中的各种信息记录成可识别的文字、数字、图像等，是信息的载体和表现形式。数据库技术就是对数量庞大、结构复杂的数据进行处理的技术，是利用计算机对各种形式的数据收集、存储、分类、计算、加工、检索及传输的过程，以便把原始数据转变为对人们有价值的信息，从而指导行动和决策。

1）农业数据库就是收集农业信息，并加工集成的"数字仓库"，根据记录数据类型不同，可分为：

A. 自然类数据库，包括气象数据库、土壤数据库、农业生产数据库、生物品种资源数据库等。

B. 社会类数据库，包括技术数据库、农产品和农资市场信息数据库、农业统计数据库、政策法规数据库、农业机构数据库等。

2）农业数据库作为一种资源，具有以下特点：

A. 要有一定规模。

B. 数据要准确。

C. 数据可重复利用。

D. 要不断更新。

（5）农业专家系统

农业专家系统（Agricultural Intelligent System，AIS），也叫农业智能系统或电脑农业专家，是指基于农业专家知识、与人类专家具有同等推理决策和解决问题能力的智能系统。专家系统是专家技能和知识的集成与综合，把分散的单项农业技术综合起来，经过智能化、综合性的信息处理，可根据不同生产条件和目的，给出最佳的农业生产管理方案，从而为农业生产过程提供信息和决策服务。

按照在农业中的应用领域，农业专家系统可分为作物栽培专家系统、施肥专家系统、植保专家系统、设施农业专家系统、品种选育专家系统、灌溉专家系统、畜禽水产养殖专家系统等。按照系统运行环境，可分为桌面版农业专家系统、网络版农业专家系统、嵌入式版农业专家系统、多媒体版农业专家系统等。

农业专家系统的应用改变了农民生产活动的主观性和盲目性，缓解了基层农业技术推广人员的不足，对于提升农业生产科学化水平、提高农业效益、促进农业可持续发展具有重要意义。

（6）农业模拟模型与虚拟农业

模型（Model）是指以文字、图像、符号、实物和数学公式等形式来描述研究对象状态和运行过程的研究方法。按照描述方法不同，可以分为形象模型（如建筑模型、飞机模型等）和抽象模型（如图形模型、数学模型等）。模拟模型（Simulation Model）是指模仿客观事物动态变化过程的抽象模型。

计算机模拟模型是指利用计算机来模仿研究对象的发生和发展过程，为解释现象、揭示机制、发现规律、预测未来提供有效工具。作物模拟模型（Crop Simulation Model）是以作物为研究对象的计算机模拟模型，可分为：

1）作物生长模型，是基于作物生长过程参数的数值模拟模型，能预测生物量、作物产量、叶面积指数、水肥利用等。

2）虚拟植物模型，其基于植物形态结构的再现，在精准农业、遥感监测、虚拟教学等方面有较广泛的应用。

虚拟农业是利用计算机虚拟现实技术、仿真技术、多媒体技术建立数学模型，定量而系统地描述作物器官建成、生长和产量形成等过程，以及与环境的相互影响的数量关系，在此基础上，设计出虚拟作物，改变传统的农业科研方式。

虚拟农业自身不能实现作物生产，其科研成果必须接受实践的检验。

（7）农业自动化

农业自动化技术就是通过计算机，对农业生产中的的各种信息进行及时采集和处理，依据信息处理结果，自动控制农业机械或装置，从而实现农业生产过程的全自动化。

农业自动化技术在农业中的应用非常广泛，如灌溉自动化控制、温室自动控制、室外气象自动监测、作物自动化管理和收获等。农业机器人可以代替人们从事繁重或特别的农事操作，如喷洒农药、收获等方面。

（8）互联网技术

互联网技术是计算机应用的核心，其主要目的是提供多样的信息服务。随着信息技术的发展，互联网已渗透到社会经济的各个领域，对农业和农村经济发展的影响越来越大。从大量的网络资源中有目的地获取有价值的信息，是农业信息网络技术的基本功能。农业网络信息主要有三类：

1）农业文献信息，包括农业图书、农业期刊等。

2）农业即时信息，如农产品信息等。

3）农业科研信息，如农业领域的新成果、新技术等。

基于计算机和网络技术，在农业领域发展出农业电子商务、农村电子政务、电子农务等。农业电子商务是指利用计算机技术、网络和通信技术进行农业商务活动的一种经济运行形式，包括依据市场信息进行农业生产、农产品网络销售与配送、电子支付等全程商业活动过程。农村电子政务是主管部门利用互联网技术建立农村管理和服务的电子政务网络平台，实现公务、政务、事务一体化管理与运行，扩大了办公范围，提高了办公效率。电子农务是针对互联网在农村普及的困难，充分利用互联网和移动通信手段，给农民提供及时权威的政策、科技、市场等信息，满足农民各类农务活动的信息需求。

6.1.4　农业信息技术的发展历程

18 世纪 70 年代，蒸汽机的发明把人类从农业社会带入工业社会，从那时开始至今的 200 多年时间内，人类共经历了 3 次产业革命，分别为蒸汽时代、电气时代和电子时代，每次产业革命都给人类社会带来巨大的变化。

20世纪50年代以来，计算机、通信、互联网等技术带领人类进入了信息社会，信息技术给人们的思维、生活、工作等方式带来了巨大的变化，也促进了世界农业科技和产业的飞速发展。20世纪90年代以来，美国、日本等发达国家，信息产业的发展极大促进了农业科技的发展和应用，带动农业生产率大幅提高。

从世界范围看，农业信息技术的发展经历了3个阶段：第一阶段是20世纪50～60年代的科学计算阶段，即以计算机计算农业科技问题，如饲料的配比，并以广播、电话、电视等通信形式予以传播；第二阶段是20世纪70～80年代的数据与知识处理阶段，此阶段开始农业数据库建设，进行作物生长模型、农业专家系统和自动化等方面的研究；第三阶段是20世纪90年代以来的互联网阶段，此阶段是"3S"和精准农业产生和发展、智能化农业机械系统集成和应用的阶段，美国、日本等发达国家的农业信息技术发展很快，并得到了广泛应用，成效非常显著。目前，以美国、德国、法国和日本为代表的发达国家在完成了农业工业化和机械化后，信息技术已进入产业化阶段，农业进入信息化时代。中国、印度等发展中国家虽然起步晚，但信息化程度提高很快，发展势头强劲。

我国农业信息技术的研究和应用起步较晚，从20世纪80年代初农业领域引进计算机技术以来，我国农业信息化技术主要经历了以下几个阶段：

1）起步阶段（1979～1985年）。主要解决了农业领域中的科学计算和数学规划问题，并于1981年建立了中国农业科学院计算中心，是我国第一个计算机农业应用研究机构。

2）普及阶段（1986～1990年）。主要以农业数据处理和农业信息管理为主，农业专家系统成为热点，农业模拟研究相继开始。

3）发展阶段（1991～1995年）。农业专家系统等农业信息技术列入"863"计划的重点课题，开展了智能化农业专家系统、农业系统模拟模型及实用农业信息管理系统等方面的研究与推广应用工作。

4）提高与综合应用阶段（1996年以后）。1997年，中国农业科技信息网络中心建成，开始组建农业信息网络"金农工程"。2001年国家农业信息化工程技术研究中心挂牌成立。同时，有许多科研院所和高校成立了农业信息技术研究机构，开展农业信息技术的科研与教育、成果示范推广等工作。我国一批科研院所和大专院校相继成立有关农业信息技术研究机构，开展农业信息技术的科研与教育、示范与推广工作，在北京、杨凌等地建设了20多个农业信息技术应用示范区，实现了技术与实践的结合。

我国农业信息化发展很快，目前，数据库技术、多媒体技术、遥感技术、专家系统、精准农业与“3S”技术、农业虚拟技术等领域的研究和推广都取得了显著成绩，收到了较好的社会和经济效益。但目前仍存在许多亟待解决的问题，如信息资源相对封闭、物化产品少、应用软件不足、数据库总量少、结构不合理等，总体上，我国农业信息技术实际应用水平还比较低。随着我国经济社会的快速发展，农业信息技术的研究与应用必将进入新的发展阶段，在推动传统农业向现代农业转化升级过程中发挥更大的作用。

6.2 农业数据库和专家系统

6.2.1 数据库系统

数据库是存放数据的地方，不仅存储数据，还存储着数据之间复杂的逻辑关系，并能够被用户检索利用。农业数据库是存储、管理、分析、利用一系列有逻辑关系农业数据的计算机系统，主要有农业气象数据库、土壤数据库、农业技术数据库、农业市场信息数据库、政策法规数据库等。

（1）数据管理

数据管理是指数据收集、存储、分类、传输等一系列基本操作，数据库技术就是研究怎么科学有效地进行数据管理，经历了从人工管理到高级数据库的不断发展。数据管理的目的是从大量数据中选择和推导出对人们有利用价值的数据。

（2）数据库系统的构成

数据库系统是一种专门管理数据的系统，由数据库、数据库管理系统和用户应用等三部分组成，用户借助一定的应用程序通过数据库管理系统访问数据库中的数据，从而实现资源共享。

数据库是存储在一定介质上，按照一定结构关系把相关数据组织在一起的集合，是数据库系统的工作对象。数据库管理系统是数据库系统的关键，是一套具有描述、管理、维护数据库功能的程序软件。用户是指实现数据库管理的各类请求，包括终端用户、应用程序员和数据库管理员等。

（3）数据库系统的特点

数据库系统与传统数据管理系统相比，具有以下几个特点：

1）数据的结构化，可以提供对任意部分数据的快速访问。

2）数据共享程度高。

3）数据和数据管理系统相对独立。

4）用户接口简单，便于数据管理。

5）数据安全性能高，非授权者无法访问数据库。

6）数据可以及时修改或更新。

（4）农业数据标准化

要建立农业数据库，首先必须对农业数据进行标准化处理，一方面不能脱离农业领域的标准化，另一方面也不能脱离计算机领域的标准化，农业标准化和信息技术标准化要相互结合，农业数据的标准化关系到农业数据库乃至其他农业信息技术的建立。

农业数据标准化主要有：

1）术语标准化，用简洁、概括、规范性的词语描述农业生产的全过程。

2）分类与编码标准化。

3）技术标准化，主要针对技术开发、设备研制和系统运行管理制定通用标准。

4）数据管理标准化，包括农业数据获取标准、处理标准、交换和发布标准等。

6.2.2 专家系统

人工智能是在了解人类智能活动规律的基础上，利用计算机构造一个可以模仿人类智能行为，代替人类脑力劳动的技术，在此基础上的智能机器具有与人一样的识别、判断、推理、设计、规划等思维活动。专家系统是人工智能的重要研究与应用分支之一，专家系统是一个计算机程序系统，具有类似专家的知识和经验，并能够通过推理和判断代替人类专家来解决实际中的复杂问题。

（1）农业专家系统

农业专家系统就是类似农业专家的程序系统，它集成有大量专门知识和经验，不仅可以传播农业信息和知识，而且还可以对单项的农业技术进行综合集成，经过智能化处理，能够像农业专家一样针对不同生产条件，对农业领域的各种复杂问题给出应变性较强的解决方案。农业专家系统包括三方面含义：第一，它是智能化的程序系统；第二，必须包含大量农业专家的知识和经验，并可不断更新；第三，它能应用人工智能技术模拟人类专家求解问题的推理过程，解决本由专家才能解决的复杂问题。

（2）农业专家系统的结构

农业专家系统主要由知识获取工具、数据库、知识库、推理机、解释机、人机交互等几部分组成，其中知识库和推理机是专家系统的核心部分，专家系统的智能推理必须依赖知识库的积累，而推理机则利用知识库进行逻辑推论或判断。

（3）农业专家系统的特征

1）具有农业专家的知识和经验。就像人类专家一样，只有具有丰富的专业知识和经验，才具有较强解决实际问题的能力。

2）可进行科学的推理。解决实际问题的过程其实是根据具体情况科学推理的过程，因此，农业专家系统必须具有科学的推理能力，以实现对现实问题的求解。

3）具有独立于推理机的知识获取能力。农业生产中的具体情况往往是不断变化的，这就要求农业专家系统能够不断地获取和更新知识，不会因为知识库的更新要求推理机程序改动。

4）推理过程要透明。农业专家系统在面对实际问题时，不仅要求能够给出正确的答案，而且还要求给出答案的依据，即告诉用户“怎么做、为什么”，只有这样才能提高用户对系统的信任度。

5）交互性。要能够通过与人类专家的对话获取知识，也要能够与用户对话以获得求解所需要的基本信息及回答用户的询问。

6）具有一定的复杂性及难度。农业专家系统要能够根据复杂多变的条件进行科学的推理，并给出答案，解决实际难题。如果设计太过简单，就解决不了复杂的现实问题，就没有开发农业专家系统的必要，因此，农业专家系统的设计要有一定复杂性和难度。但是，人类专家的知识经验非常丰富，思维方式也千变万化，要想真正实现对人类思维的模拟还十分困难，并依赖于其他多学科的发展。

7）实用性。农业专家系统必须根据农业领域中的实际问题开发，重点解决农业生产的实际需求，不然农业专家系统是没有意义的。

（4）农业专家系统的类型

1）按照在农业领域的应用，可以把农业专家系统划分为栽培专家系统、施肥专家系统、植保专家系统、灌溉专家系统、养殖专家系统等。

A. 栽培专家系统。能够根据气候、土壤等特点和作物栽培经验，为农户提供适合区域特征的作物栽培综合技术指导，包括品种选择、土壤耕作、科学施肥、灌溉、病虫防治等。

B. 施肥专家系统。根据土壤理化性质，评估肥力水平，根据不同作物需肥规律和目标产量，结合气候特点，推荐施肥方案，包括肥料种类、施肥量、施肥时期、施肥方式等，并计算施肥效益。

C. 植保专家系统。能够根据不同农作物病、虫、草害发生规律，结合气候气象特点，为农户提供病、虫、草害诊断、预测预报和防治方法。

D. 养殖专家系统。提供各种家畜、家禽、水产的科学养殖技术，包括场所建设、品种选择、饲料配合、科学饲养、疫情预测防治等方面。

2）按照农业专家系统的运行环境，可将其分为桌面版专家系统、网络版专家系统、嵌入式版专家系统、多媒体版专家系统等。桌面版专家系统，是独立运行于电脑上的专家系统；网络版专家系统，是指直接在 Internet 网络环境下的专家系统；嵌入式版专家系统，是指利用个人数字助理 PDA 和掌上电脑 HPC 运行的专家系统；多媒体版专家系统，采用简便、快捷、直观的多媒体表达方法，集成专家知识、文字、图像、声音等资料和信息，将图形、音频、视频、多媒体课件和小型推理机处理程序相结合，建成简单和实用的多媒体化农业专家系统，实现了动植物生产管理的可视化智能决策。

6.3 作物模拟模型与虚拟农业

6.3.1 作物模拟模型

农业模拟模型是农业信息技术的一个重要分支，随着计算机技术的进步与普及，农业模拟模型已成为农业科学领域广泛应用的方法。

（1）作物模拟模型的概念

模拟是用特定的形式，如图像、实物、符号、数字等来模仿某一客观存在的事物，模型是通过某种特定的形式来反映研究对象或系统本质的一种研究方法，模拟模型是以模拟为功能、模仿客观复杂系统动态变化过程的抽象模型，以区别于其他模型，如预测模型、优化模型等。按描述方法不同，模型可以分为形象模型和抽象模型，前者如建筑模型、火箭模型等，后者如图形模型、数学模型等。

作物模拟模型是以作物或植物为研究对象的计算机模拟模型，其综合了大量作物生理学、栽培学、生态学、气象学等学科的理论和成果，对作物的生长发育、器官建成和产量形成等过程及其与环境生态因子的关系进行理论概括和数量分析。根据研究内容和模拟技术差别，可分为基于作物生理生态过程分析的数值模拟模型（称为作物生长模型）和基于植物形态结构再现的虚拟植物模型（称为虚拟植物模型）。作物生长模型能够预测不同生长环境条件下作物叶面积、生物量、产量等，虚拟植物模型可用于精确农业、遥感监测、虚拟教学等领域。

传统的田间试验和生物统计虽然仍是重要的农业研究方法，但是这种方法有难以克服的缺陷，如经验性强、解释性差、考虑因素少，需要样本数大、试验周期长等。作物生长模拟模型与之相比，具有明显优点：第一，能对作物的生理过程和生态环境系统进行全面分析与描述；第二，能逐时或逐日描述生理生态过程和作物状态；第三，对主要生理过程能进行较真实的机制描述；第四，能根据特定的条件对作物的发展动态进行定量描述；第五，实用性广，不受地点、时间和作物品种等因素限制。

（2）作物模型的类型和结构

1）作物模型的类型。作物生长模型按照描述的作物种类，分为单作物专用模型和多作物通用模型。单作物专用模型是针对某一具体作物的生理生态特性研制专门用于该作物的模型，多作物通用模型是根据不同作物的共性研制成功模型的主体框架，根据具体作物的生长和栽培管理参数进行某一作物的生长模拟。

作物生长模型按照所涉及的生态因子，可分为光温潜力模拟模型、光温水潜力模拟模型、光温水氮潜力模拟模型、现实产量模拟模型。光温潜力模拟模型只考虑光照和温度对产量的影响，用于模拟无水分、养分和其他限制因子时的潜在产量。光温水潜力模拟模型，除考虑产量的光温效应外，还涉及了土壤水分对作物生长和产量的影响。光温水氮潜力模拟模型，考虑了光、温、水、氮素及其交互作用对产量的影响。现实产量模拟模型，综合考虑了光、温、水、土壤、多种养分、病虫害、自然灾害对作物生长和产量的影响。

2）作物模型的结构成分。模拟模型可根据自身特性分解成若干相互关联的结构成分，作物模型一般可分为6个相互关联的亚系统：

第一亚系统指作物的阶段发育和物候期，主要是关于光温特性为基础的茎顶端发育和外部形态特征变化为标志的生育时期。

第二亚系统指作物形态发生和器官建成过程，包括根、茎、叶等主要器官的发生形成规律、数量、质量等。

第三亚系统指植株的光能利用和同化物生产，包括光合、呼吸、生物量积累等过程。

第四亚系统指不同器官间的物质分配和利用，包括同化物分配规律、器官生长大小、产量品质等形成过程。

第五亚系统指土壤—植物—大气水分关系，包括水分的运移、蒸腾蒸发、水分平衡等。

第六亚系统指土壤养分动态与植株利用，包括主要养分在土壤中的转化、根系吸收、体内利用分配等过程。

3）作物模型的构成。一般作物生长模型的结构包括三部分：第一部分为气候、土壤、作物数据和栽培管理措施输入模块；第二部分为主要生理生态的模拟模块。

目前，比较完善的模拟模块包括以下成分：

A. 光能截获和光合作用模型，涉及冠层结构、光辐射特性和叶片特性。

B. 根系和营养吸收模型，涉及根系结构、土壤营养状况等。

C. 干物质分配模型，干物质在源与库间的运输、储藏及器官间的分配。

D. 水分吸收与蒸腾模型，涉及植株和土壤的水分平衡，植株的水分状况与水分胁迫。

E. 生长和呼吸模型，干物质用于生长和呼吸的消耗。

F. 叶面积增长模型，叶面积的动态变化。

G. 发育和器官形成模型，包括阶段发育、形态发育和新器官（茎、叶、花、果等器官）的形成。

H. 衰老模型，包括根、叶等器官的衰老与死亡对作物生长的影响。

I. 田间管理措施模型，田间管理措施对光、温、水、肥的时空分布与数量改变对作物生长发育和产量的影响。

（3）作物模拟模型的应用

模拟模型主要应用于教学、研究、管理、评估等 4 个方面，一个较好的作物模拟模型不仅具有较好的机制性和预测性，还具有较强的通用性和灵活性，以适应不同地区和层次的用户。

1）教学、技术培训与推广。作物生长模型作为教学工具，可以让学生直观了解作物生长和形态变化过程及其与环境、管理措施之间的关系。作物生长模型也可用于基层农技人员的培训和技术推广。

2）科学研究。作物模拟模型是对实际作物生产系统的简化表达，是对整个作物生理生态过程已有知识的系统集成，通过综合并量化作物生理生态过程及其相互关系，有利于作物生产管理由定性描述向定量分析转变，深化作物栽培方案优化、农业专家系统开发、作物生产气候响应等方面的研究。

3）管理科学。在作物模拟模型基础上，建立农业管理决策支持系统，可进行农业资源规划管理和农场经营管理决策制定。如制定相关农业政策和土地利用总体规划，调整作物的布局和制定经营策略等。

4）科学评估。用于评估农业生产系统的综合表现及可持续发展能力，进行农业政策分析等。

6.3.2　虚拟农业

20 世纪 70 年代以来，信息技术的发展推动了农业信息学的不断进步，也使虚拟技术向农业渗透，虚拟农业已成为一门新型的交叉和综合性学科。

（1）虚拟农业的概念

以农业领域研究对象（农作物、畜、禽、鱼、农产品市场、资源高效利用等）为核心，采用计算机虚拟现实技术、仿真技术、多媒体技术建立数学模型，设计出虚拟作物、畜禽，定量而系统地描述研究对象与环境因子交互作用，以品种改良、环境改造、环境适应、增产等为目的的技术系统，以实现农业生产的高效益和可持续发展。虚拟农业的科研成果必须接受实践的检验。

（2）虚拟农业的结构和特征

1）虚拟农业的结构。虚拟农业根据研究对象的不同，可以有不同的系统结构，随虚拟农业研究对象及其与环境之间的相互关系而变化，孙九林院士以作物为例，提出了虚拟农业的一般结构，如图 6－1 所示。

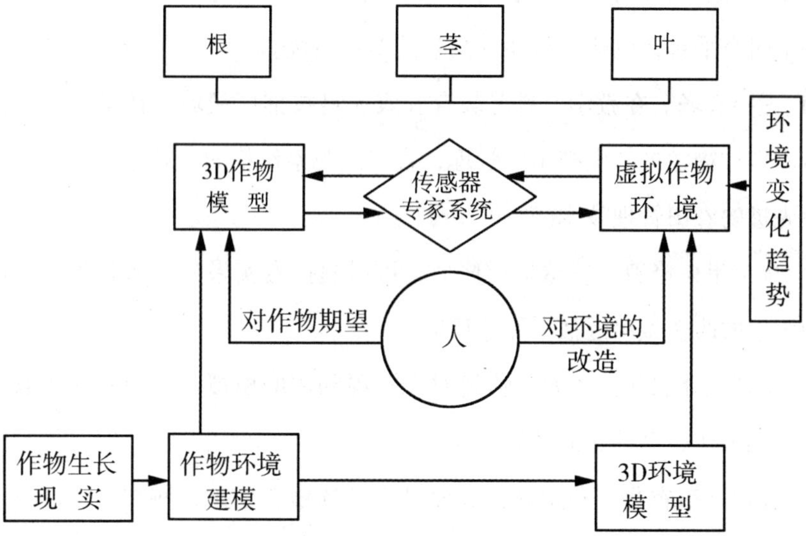

图 6－1　虚拟农业一般结构

2）虚拟农业的特征。

A. 多感知性。除一般计算机所具有的视觉感知外，还应具有听觉、触觉、味觉等，理想的虚拟农业应该具有人所具备的所有感知能力。

B. 存在感。它是指导用户感到作为主角存在于模拟环境中的真实程度，使用户难以分辨真假。

C. 交互性。用户对模拟环境内物体的可操作性和从环境得到反馈的自然性。如用户可以直接用手抓住环境中的物体，手中有握东西的感觉。

D. 自主性。指虚拟环境中物体依据物理定律动作的程度。比如受到推力会移动、翻倒等。

(3) 虚拟农业的应用

虚拟农业主要包括虚拟农作物、虚拟动物、虚拟农业机械、虚拟农场等，主要在以下领域应用：

1）虚拟试验。应用计算机建立反映客观规律的虚拟模型，应用虚拟模型进行试验，可部分替代现实中难以进行或耗时、耗力、耗钱的试验。

2）虚拟育种。利用计算机技术、虚拟现实技术、仿真技术、多媒体技术设计出虚拟作物、畜、禽、鱼等农业生物新品种。

3）虚拟温室。虚拟温室是将数据、材料、模型、物理属性和高级算法整合成的一个研究平台，以构建科学、高效的温室系统。

4）虚拟农场。在教学、科普教育和农业科技推广领域，让学员在虚拟农场中种植虚拟作物，进行虚拟田间管理，直观地观察作物的生长过程及产量，较快地掌握先进的农田管理技术。

5）虚拟果树修剪。虚拟果树修剪，可以模拟真实果树的各种生长状况，并对各种因素的改变做出近似实际的反应。

6）虚拟立体农业。主要是通过对光资源利用的模拟，实现对立体农业的优化管理，如间作、套种、混种等。

7）虚拟城市农业。利用虚拟农业可模拟环境、生态、科技、生产、观赏为一体的城市农业综合发展模式，便于决策、实施生产、生活、生态等三“生”功能为一体的农业。

8）虚拟农机制造。可以虚拟农机设计、农机制造和农机测试。采用虚拟农业对试验对象的各个指标同时进行测量、实时处理和分析，得出较精确结论，为进一步的优化设计提供可靠的依据。

6.4 农业物联网和自动化技术

6.4.1 农业物联网技术

（1）物联网的概念

物联网就是“物与物相连的互联网”，其通过射频识别（RFID）、红外感应器、全球定位系统、激光扫描器等信息传感设备，按约定的协议，把任何物体与互联网相连接，进行信息交换和通信，以实现对物体的智能化识别、定位、跟踪、监控和管理的一种网络。

其包含有两层意思：第一，物联网的核心和基础仍然是互联网，是在互联网基础上延伸和扩展的网络；第二，其用户端延伸和扩展到了任何物体与物体之间进行信息交换和通信。

（2）物联网的结构和特点

1）物联网的结构。业界公认为物联网在结构上分为3个层次（图6－2）。

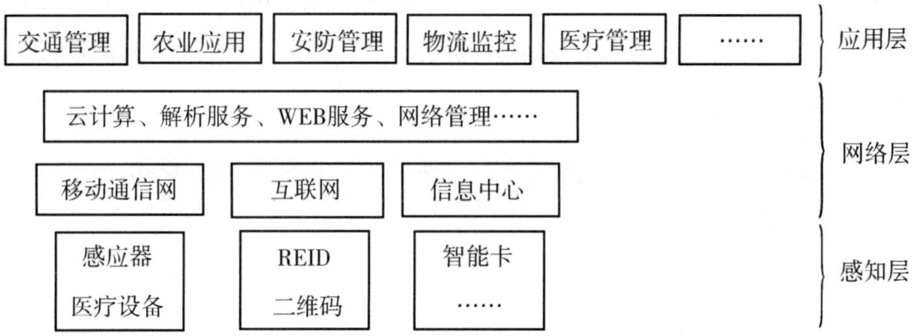

图6－2 物联网一般结构

A. 感知层。是物联网的皮肤和五官，主要作用是识别物体和采集信息，即以二维码、射频识别、传感器、摄像头等为主，实现“物”的识别。

B. 网络层。是物联网的神经中枢，对感知层获取的信息进行传递和处理，包括通信与互联网的融合网络、网络管理中心、信息中心和智能处理中心等，即通过现有的互联网、广电网络、通信网络等实现数据的传输与计算。

C. 应用层。是物联网与行业专业技术的深度融合，与行业需求结合，实现行业智能化，这类似于人的社会分工，最终构成人类社会。即输入输出控制终端，可基于现有的手机、个人电脑等终端进行。

2）物联网的特点。

A. 全面感知。即利用 RFID、传感器、二维码等感知设备，随时随地获取物体的信息，全面感知世界。

B. 可靠的传送。通过以太网、无线网、移动网将感知的物体信息实时准确地传递出去。

C. 智能控制。利用云计算、模糊识别等智能计算机技术，对海量数据和信息进行分析和处理，实现对物体智能化的控制和管理，真正达到人与物的沟通。

（3）物联网的建立步骤和工作原理

1）物联网的建立步骤。第一，对物体属性进行标识，包括静态和动态属性，静态属性可以直接存储在标签中，动态属性需先由传感器实时探测；第二，需要识别设备完成对物体属性的读取，并将信息转换为适合网络传输的数据格式；第三，将物体的信息通过网络传输到信息处理中心，完成物体通信的相关计算。

2）物联网工作原理。物联网是在互联网的基础上，利用 RFID、无线数据通信等技术，构造一个覆盖世界上万事万物的网络。在这个网络中，物品能够彼此进行“交流”，无需人的干预。

其实质是利用射频识别等感知技术，通过计算机互联网实现物品的自动识别、信息的互联与共享。

（4）物联网的应用

1）物联网温室。物联网温室就是引入了物联网技术的温室。温室内部空气温湿度、土壤温湿度、二氧化碳浓度及光照等农业环境信息的采集，对生产至关重要，利用物联网实现土壤湿度、酸碱度、温度以及空气湿度气压、光照强度、二氧化碳浓度等的测量，再通过模型分析，自动调控温室环境、控制灌溉和施肥作业，从而获得植物生长的最佳条件。对于温室成片的农业园区，利用物联网可实现所有温室信息的获取、管理和分析处理，并以直观的图表和曲线方式显示给各个温室用户，同时根据种植植物的需求提供各种报警信息，实现温室集约化、网络化远程管理。

2）农产品质量安全监管。物联网技术在农产品质量监管中发挥重要作用。以猪肉为例，进入农贸市场的猪肉安装上电子芯片，以跟踪猪肉的生产、加工、批发，以及零售等各个环节。具体来说，通过收银条上的追溯码就可以查询生猪来源、屠宰场、质量检疫等多方面的信息。

3）信息监测。信息除包括在精准农业中监测农作物的害虫、土壤酸碱度和施肥状况外，还包括从种子选择到病虫害防治，从幼苗培育到收割入库等方面。信息监测范围涵盖广义农业的各个方面，包括畜牧业、农副产品加工业及渔业等。

（5）物联网技术在农业的局限性

1）成本高。随着技术的发展，传感器的价格近几年有大幅度的下降，但是相对农业效益来讲仍然很高，一个土壤水分传感器要近千元，一个温室全部环境参数传感器要在一万元以上，对于农业生产来讲，仍然是一笔大投入。目前，农业物联主要集中在一些科研院所、涉农企业及政府推动的项目中，要大规模推广应用还需大幅度降低成本。

2）技术问题。传感器可能由于安装位置不当而导致数据不准，或传感器稳定性不好，也有部分无线传感器传输信号距离有限、数据传输不稳定、维护成本较高。还有供电问题，太阳能供电功率不够，使用交流电大部分温室需重新布放电源线，这些因素都限制了物联网在农业中大规模推广应用。

6.4.2 农业自动化技术

农业是一种复合产业，它不仅包括作物的生产，而且包括农产品的加工、储藏和运输等。应用自动控制和电子计算机等技术实现农业生产和管理的自动化，不仅是农业现代化的重要标志之一，而且也是当前农村劳动力大量转移情况下对农业生产方式的必然要求。

（1）农业自动化的概念

农业自动化就是利用农业机械或装置，不依赖人的感觉和手工而自动实现农产品的生产、加工、储藏、运输等过程，用机械动力和电力代替人力和畜力，以工作机械代替人的手工工具。世界各国都在大力开展农业自动化研究，许多成果已达到实用阶段。

（2）农业自动化的分类

农业自动化控制装置大部分是单一输入、单一输出式的，如拖拉机的牵引力控制、动力喷雾机的压力控制等，随着传感器和微处理机的迅速发展，目前已经研制出多输入、多输出的自动控制装置，大幅提高了农业自动化水平。目前农业机械自动化大致有以下3类：

1）已有农业机械及装置的部分自动化控制。这种自动化方式以提高已有农业机械及装置的作业与操作性能，提高作业效率和精度，减轻农务人员劳动强度，节约肥料、农药等资源消耗为目的。目前，广泛采用的自动控制装置大多数属于此类，如拖拉机、施肥播种机、移栽机、喷雾机、联合收割机、挖掘收获机等。

2）已有农业机械及装置的无人自动操作。这种自动化方式主要用在操作简单且易实现无人操作，危险性大或长时间重复单调的作业过程上。如用计算机程序自动控制联合收割机，自动检测和控制耕深和耕宽，自动化温室控制等。

3）农业机器人。农业机器人是用于农业生产的特种机器人，是一种新型多功能农业机械，其由不同程序软件控制，并能感知作物种类和环境变化，以完成不同农业作业。农业机器人是现代农业机械发展的结果，是机器人技术和自动化控制技术发展的产物。农业机器人的出现和应用，改变了传统的农业劳动方式，促进了现代农业的发展。包括施肥、除草机器人等多种类型。

（3）农业自动化的应用范围

自20世纪70年代以来，信息技术，如自动控制、遥感等，在农业中的推广应用使部分农业生产作业和管理过程实现了自动化，提高了作业效率和质量，减少了劳力和资源消耗。目前，农业自动化主要涉及耕作、栽培、收割、运输、排灌、作物管理、禽畜饲养等过程，以及温室的自动控制和最优管理。

1）栽培、耕作、收割和运输自动控制。在这方面主要是采用高速、宽幅和自走式农具，利用液压控制、自动快速挂接、自动监视和排除故障。

2）自动排灌系统。无线电遥控喷灌装置已开始应用于农田。当发现旱象时，即用无线电装置发出信号，控制电动机和水泵喷灌；当灌水量达到要求时，再发出控制信号，停止灌水。在稻田中，应用自动灌溉系统，还可根据水分蒸发自动决定供水或停水。

3）作物自动管理系统。应用计算机调整作物布局，根据作物的生长特点和生态环境因素制订可能获得最佳经济效益的管理方案。比如，选择适宜的作物品种，确定最佳施肥时间和数量，预报病虫害并提供科学的防治决策信息等。

4）禽畜饲养自动化。以计算机为其核心，选择满足禽畜营养要求、成本最低的配方，对禽畜进行定时定量喂料或在群养条件下的个体管理。例如，养鸡场利用计算机进行饲料配方，对喂食、喂水、照明、温度、取蛋、清粪等进行自动控制，可节省大量劳动力，提高鸡的产蛋率。此外，用计算机还可记录和处理禽畜有关数据，提供选种、繁殖管理的最优方案。

5）温室自动控制与管理系统。温室的自动化控制和管理是农业自动化中发展较快和较成熟的领域。温室控制与管理系统一般由传感器、计算机和相应的控制系统组成，能自动调节光、温、水、肥、湿度和二氧化碳浓度，为作物生长创造最优环境，促进作物生产。温室控制和管理系统的核心是电子计算机，其主要功能是进行环境控制、温室和作物响应数据识别、算法控制、适宜参数确定和温室管理等。

6.5 精准农业

人口膨胀、粮食需求量增加对农业生产提出了更高的要求，传统农业必须突破资源和环境双重约束，以进一步提高农业产量，并实现降低有限资源消耗、保护农业生态环境的可持续发展。科学技术，特别是信息技术的快速发展，给传统农业带来了新的挑战和发展机遇。精准农业是基于“3S”技术、决策支持技术、农业工程技术、变量投入并定位实施的现代农业生产管理技术系统，充分体现了因地制宜、科学管理的理念，使农业生产管理观念发生了深刻变革，有力地促进了传统粗放农业向现代精细高效农业的发展，已成为高产、高效、低耗、环保的现代农业生产方式。

6.5.1 精准农业的概念

精准农业是全球定位系统（GPS）、地理信息系统（GIS）、连续数据采集传感器（CDS）、遥感技术（RS）、变率处理设备（VRT）和决策支持系统（DSS）等现代信息技术与地理学、农学、生态学、土壤学、植物生理学等涉农学科的有机结合，通过现代信息技术实时监测，获取农业生产过程中农作物、气象、土壤等各方面信息，分析每一操作单元存在的差异及原因，因地制宜地针对不同操作小区采取可行、有效的调控措施，最大限度地优化各项农业投入，以获取高产、高效，同时保护农业生态环境、降低资源消耗。

精准农业具有三个要点：

1）基于作物及资源环境的时空差异特征。

2）以最小投入、最大收益和最小危害为目标。

3）以“3S”等现代信息技术为支撑体系。具有手段精细、投入精省、尺度精确、高产优质、高效环保等特点。

6.5.2 精准农业的特征

（1）地域性

不同区域的农业生产条件、技术水平、资源环境特征有很大不同，精准农业实施的重点和角度相应有所差异。我国农业生态类型多种多样，不同区域实施精准农业的模式不能一概而论，应根据区域特点选择合适类型。

（2）综合性

精准农业是不同学科的综合，涉及农学、信息、工程等不同领域的理论和技术，是多学科的高度集成。因此，精准农业从指导思想、实施方法、技术集成等多方面都应具有综合的思想和观念。

（3）系统性

精准农业要对一个复杂的农业生态系统进行设计，包括指标技术体系、资源环境技术、信息采集、人工智能等多个子系统，它们之间相互关联，共同组成一个有特定功能的有机整体。

（4）渐进性

精准农业的实施受到技术的限制，而技术水平的提高是渐进的过程，而且精准农业的实施对象也在不断发生变化，精准农业不可能在短期内实现，精准农业的实施具有较强的渐进性和可变性。

（5）可操作性

精准农业必须具有一定的可操作性，也就是能实施到具体的农业生产实践中，切实指导农业生产；否则，精准农业就是水中月、镜中花。精准农业的可操作性因区域生态环境、社会经济条件、技术水平的差异而不同。

6.5.3 精准农业的理论和技术体系

（1）精准农业的核心理论

精准农业的核心理论是基于田间差异的变量投入、最大收益和最小环境危害。所有耕地均存在土壤和产量差异，通过信息技术可及时发现作物生长环境和实际产量分布的差异性，获取农田可操作区间作物产量、环境因素实际的时空差异信息，分析差异的原因，并根据差异性采取经济有效的调控措施，实现区别对待、定位调控，以高产优质为目标，以适度投入获取最佳收益，并兼顾农业生态环境保护，实现农业可持续发展。

精准农业有3个方面的精准要求：第一，精准定位，以确定灌溉、施肥、喷药的具体地点；第二，精准定量，以确定种子、肥料、水分、农药的科学用量；第三，精准定时，以确定各种农艺措施的适宜实施时间。

（2）精准农业的技术体系

精准农业是不同学科的高度集成，从精准农业的实施环节来看，包括作物长势和环境信息检测、差异化的投入决策、决策实施3个环节，每个环节的完成都需要若干关键支撑技术，共同组成复杂的精准农业技术体系。除地理信息系统、遥感技术和全球定位系统外，还需要决策支持系统、变量控制技术（Variable Rate Technology，VRT）、智能机械装备技术等多种技术支撑。

1）地理信息系统。地理信息系统是在计算机软件、硬件支持下，对空间数据进行采集、存储、分析、处理和表达的计算机应用系统。GIS是精准农业技术的核心，其主要的作用是由农田基本数据库得出田间产量变异，找出低产区，并根据与其他数据的相关分析，找出影响产量的主要限制因子，在此基础上借助支持决策系统，根据作物的生长状况和环境条件，做出科学诊断并给出适宜的农艺管理建议，形成田间播种、施肥、灌溉、病虫防治等管理方案。

2）遥感技术。遥感技术就是借助专门的探测仪器，把遥远的物体所辐射的电磁波信号接收记录下来，再经过加工处理，变成人眼可以直接识别的图像，从而揭示出所探测物体的性质及其变化规律。由于遥感手段先进、客观、准确，可在同一时间获得较大范围的信息，在农业上有广泛应用，如作物生长监测与估产、资源环境与灾害监测等。由于遥感的精度和分辨率不断提高，已成为精确农业中大面积快速获取田间数据的重要工具。

3）全球定位系统。全球定位系统在精准农业中用于实时动态地确定作业对象和作业机械的空间位置，并将此信息转变为 GIS 可储存、管理和分析的数据格式，实现定位信息采集和处方作业实施。具体讲，在精准农业中，GPS 主要应用于监测农田面积和边界测量、作物生长环境的空间分布、不同作物长势分布、病虫害分布、产量分布等，并实现田间作业机械导航，实施定位播种、施肥、灌溉等田间作业。

4）田间信息采集和处理技术。快速、准确采集和描绘作物长势及环境因子的空间变量信息，是精确农业的重要基础，如监测作物苗情分布、病虫害发生、土壤含水量、土壤肥力等。目前，田间信息采集和处理技术仍比较落后，制约着精准农业的发展。如土壤肥力、水分等信息采集仍大部分采用定点采样和实验室分析，耗时耗力、时效性差。单一信息采集设备多，多种信息要素采集的设备少，难以实现空间尺度较小的信息采集。在作物信息监测方面，也不能满足精准农业的要求，如田间杂草识别。

5）决策支持系统。基于作物模拟模型和专家系统的作物生产管理决策支持系统，可根据作物生长、空间分析、预测分析等多种模型，综合土壤、气象、资源及作物生长有关数据进行决策，结合农业专家系统，针对不同农田管理目标制订相应的田间管理方案，用以指导田间变量作业，是精准农业中变量处方的基础。但目前大多数作物模拟模型、农业专家系统、决策支持系统的开发研究，主要基于农田或区域尺度上的作物生产管理决策支持技术，与精确农业的要求尚有较大差距。

6）变量控制技术。变量控制技术是指根据已做出的田间管理方案，自动调节物料箱中的物料投入速度，如种子、化肥、农药等，实现对症下药、按需供给。变量控制设备随着空间位置的变化而改变种子、肥料、农药的投入量。根据物料类型可分为变量播种技术、变量施肥技术、变量施药技术和变量灌溉技术等，目前，变量施肥和播种技术设备已经开始规模化应用。

7）智能化变量农作机械。精确农业中大功率、高速度、大幅宽作业机械的人工驾驶难度大，需要借助自动控制技术，保证作业机械按照设计路线高速行驶和作业性能良好，以便提高田间作业质量、效率和作业精度，减轻驾驶员的劳动强度，所以，智能化变量农作机械是精确农业发展的标志。目前，商品化的能够按处方图进行农田投入调控的几种智能化变量农业机械已应用于实践，其中比较成功的有施肥、喷药、播种和灌溉等农业机械，并取得了较好效益。

6.5.4 精准农业的实施过程

精准农业的实施过程主要包括数据采集、差异分析、处方生成和控制实施。

（1）数据采集

精准农业通过产量测量、土壤采样、作物监测等方法获取数据，以便了解整体田块作物生长环境的空间变异特征。数据采集主要包括：第一，产量数据采集，了解田块产量变异是精准农业的重要内容，是生产决策的重要依据；第二，土壤数据采集，包括土壤水分、肥力、酸碱度等，是精准农业实施的重要基础；第三，作物营养监测，主要目的是实时、快速、精准、大范围、无损监测作物营养状况，为作物管理决策提供必要依据；第四，苗情、病虫数据采集，实现苗情分布、病虫害发生位置的精准监测；此外，还有地形和边界数据采集等。

（2）差异分析

一般直接采集到的信息数据都是文本形式，必须利用数学的方法进行科学处理，转变为变量控制信号来指挥机械，实施精准农作。主要包括生成产量分布图、土壤各种信息分布图、苗情分布图、病虫害分布图等。

（3）处方生成

通过采集到的田间不均衡空间分布数据和作物其他相关信息，经过分析决策，形成不同田间管理方案，生成处方，控制投入方式和用量。处方生成是精准农业的核心，直接影响精准农业技术的实际应用效果。

（4）控制实施

在GIS、GPS等技术支持下，将得到的信息经过一系列处理后，形成变量控制信息，由计算机控制农业机械，实施变量管理。智能变量农业机械是精确农业中控制实施的重要手段，主要由信息采集、决策判断和控制执行3部分组成。

当前，信息化浪潮席卷全球，成为新经济时代的重要特征，从工业化社会走向信息化社会，是人类社会进步的里程碑。农业作为基础产业，也必然受到这场浪潮的洗礼，从而使农业信息化成为未来一段时期内农业现代化的主导，成为引领农村经济发展和提高农民收入的重要途径。我国农业信息化尽管有较大发展，但是在生产中的实际应用水平还比较低，许多深层次的问题不断暴露，高性能、低成本、普适和智能化将是今后主要的发展方向，并急需在网络化技术、数字化技术、监测预测技术、决策管理技术、平台和硬件技术、产业化技术等重点领域有较大突破和创新，以更好满足不同层次和对象的需求，真正实现我国农业的全面现代化。

结语

农业是国民经济的基础。无农不稳，无粮则乱，农安天下。农业的出现使人类结束了狩猎的原始生活，农业的发展推动了人类社会的进步。然而，科技是农业发展的最重要推动力。农业科技的每一次重大进步，都推动人类社会的一次大发展，植物的驯化，农具的出现与革新，结束了刀耕火种，发展了农耕文明；良种的选育，畜力的使用，农业机械的发明，农药和化肥的出现与施用，灌溉技术的发展大幅度提高了农业生产率。半个世纪前，发展中国家面临饥饿，国际小麦玉米改良中心利用从日本“农林 10 号”中开发出来的小麦矮秆基因 Rht1、Rht2 矮秆品系，与抗锈病的墨西哥小麦进行杂交，育成了 30 多个同时具有抗倒伏、抗锈病、高产等突出优点的矮秆、半矮秆品种；国际水稻研究所成功地将我国台湾省的“低脚乌尖”品种所具有的矮秆基因，导入高产的印度尼西亚品种“皮泰”中，培育出第一个半矮秆、高产、耐肥、抗倒伏、穗大、粒多的奇迹稻“国际稻 8 号”品种。此后，又相继培育出“国际稻”系列良种，并在抗病害、适应性等方面有了改进，上述品种在发展中国家迅速推广，并产生了巨大效益，成功引发了第一次“绿色革命”，带动了全球小麦、水稻产量水平的跨越式提升。

新中国建立后，我国政府十分重视农业科技，建立健全了农业科技研究和推广体系，农业科技人才培养体系，研究和引进了大批农业新技术，推动我国农产品数量和质量多次跨越式提高，1949 年我国小麦平均单产只有 642 千克/公顷，2012 年平均单产达到 5 064 千克/公顷，增长了 6.89 倍，1949 年我国玉米平均单产只有 1 123 千克/公顷，2012 年平均单产达到 5 955 千克/公顷，增长了 4.30

倍，保证了农产品的有效供给和人民生活水平的不断提高。

目前，世界农业科学技术日新月异，农业机械化已贯穿农业生产的各个环节，农作物品种的产量潜力和品质达到前所未有的水平，病虫害防治技术、施肥灌溉技术空前普及。但我国农业科学技术与国际先进水平相比，与建设现代农业的新要求相比，差距仍然较大，突出表现在创新成果供给不足，农业科技总体水平还不高，跟踪式、模仿式，甚至低水平重复式研究还较多，类似杂交水稻等重大成果多年少见。其发展趋势主要表现在以下几个方面：

将信息化技术应用于农业生产过程，将进一步提高农业机械化水平和农业生产水平，以3S技术为基础的精准农业已逐渐进入园艺作物种植，这必将引起农业的革命性变化。

研制低毒、低残留的绿色农药、有机农药，实施生物防治逐渐替代传统的病虫害防治技术，可以为人类提供无公害的农产品，保障人类健康，这已引起国内外各界的广泛重视。

发展配方施肥技术，既可降低成本，又能提高产量，改善品质，还有利于保护生态，已成为广泛推广和研究的技术。

水资源的短缺已威胁到人类生存，研究节水灌溉技术，培育耐旱作物是农业科技界广泛关注的研究课题。

研究“高产、优质、高效、生态、安全”的农作物综合栽培技术是农业生产上贯彻科学发展观，实现协调、可持续发展的根本性举措。

通过种质创新，培育产量超级、优质专用、多抗广适、资源高效利用的农作物新品种是农业科技永恒的研究课题。随着分子生物技术的发展，农作物育种正在从传统育种走向精确育种。将传统育种技术与分子育种技术结合，建立现代高效育种技术平台，挖掘各类优良基因，利用分子标记辅助选择技术、聚合育种技术、转基因技术，分子设计技术，实现各类优良基因的聚合，培育“理想品种”，将是未来农作物育种的发展方向。

农业科技的每一次重大进步，都推动人类社会的一次大发展，植物的驯化，农具的出现与革新，结束了刀耕火种，发展了农耕文明；良种的选育，畜力的使用，农业机械的发明，农药和化肥的出现与施用，灌溉技术的发展大幅度提高了农业生产率。层出不穷的新的农作物品种在发展中国家迅速推广，并产生了巨大效益，成功引发了第一次“绿色革命”，带动了全球小麦、水稻产量水平的跨越式提升。

随着农业科学的发展，农作物“丰收的密码”将逐步破解。那时，人类或许可以自由驾驭农作物的生产，满足人类自身需要。

参考文献

［1］孙其信．作物育种学［M］．北京：高等教育出版社，2011.

［2］吴礼树．土壤肥料学［M］．2 版．北京：中国农业出版社，2011.

［3］蔡守华．农业节水灌溉技术［M］．南京：河海大学出版社，2011.

［4］马新明，杨林楠．农业信息技术［M］．北京：中国农业出版社，2010.

［5］李军．农业信息技术［M］．2 版．北京：科学出版社，2010.

［6］沈其荣．土壤肥料学通论［M］．北京：高等教育出版社，2010.

［7］张一宾，张怿，伍贤英．世界农药新进展（二）［M］．北京：化学工业出版社，2010.

［8］马新明．农业信息化技术导论［M］．北京：中国农业科学技术出版社，2009.

［9］王龙昌．现代农业实用节水技术［M］．北京：金盾出版社，2009.

［10］道才．节水灌溉理论与技术［M］．北京：水利水电出版社，2009.

［11］张芳．中国古代灌溉工程技术史［M］．太原：山西教育出版社，2009.

［12］曹卫星．农业信息学［M］．北京：中国农业出版社，2008.

［13］张一宾，张怿．世界农药新进展［M］．北京：化学工业出版社，2007.

［14］梅旭荣．节水农业在中国［M］．北京：中国农业科学技术出版社，2006.

［15］谭徐明．中国灌溉与防洪史［M］．北京：中国水利水电出版社，2005.

［16］张天真．作物育种学总论［M］．北京：中国农业出版社，2003.

[17] 潘学标．作物模型原理［M］．北京：气象出版社，2003.
[18] 庞鸿宾．节水农业工程技术［M］．郑州：河南科学技术出版社，2000.
[19] 徐汉虹．植物化学保护［M］.4 版．北京：中国农业出版社，1999.
[20] 韩熹莱．农药概论［M］．北京：北京农业大学出版社，1994.
[21] 郭文韬，等．中国农业科技发展史略［M］．北京：中国科学技术出版社，1988.
[22] 张丹，等．我国中微量元素肥料产业发展现状［J］．现代化工，2012，32（5）：1－5.
[23] 邢栋．农业灌溉技术及其发展走向［J］．新农村，2011（5）：133－134.
[24] 罗兴佐．论新中国农田水利政策的变迁［J］．探索与争鸣，2011（8）：43－46.
[25] 冯元琦．关于中国化肥发展之管窥［J］．化肥设计，2009，47（1）：10－13.
[26] 仵峰，吴普特．从灌溉发展历史看灌溉的未来［J］．灌溉排水学报，2007，26（4）：36－38.
[27] 姜丽萍，陈树人．虚拟植物的研究进展［J］．农机化研究，2006（4）：5－6.
[28] 韩季璋．世界肥料的发展方向－缓释肥料［J］．化肥设计，2005，43（5）：60－61.
[29] 周红军，等．化肥工业存在的技术难题及未来新技术［J］．气体净化，2004，4（4）：155－157.
[30] 森海．节水灌溉的发展简史［J］．园林，2002（5）：44－45.
[31] 王留运，叶清平，岳兵．我国微灌技术发展的回顾与预测［J］．节水灌溉，2000（3）：3－7.
[32] 冯伟．基于高光谱遥感的小麦氮素营养及生长指标监测研究［D］．南京农业大学博士学位论文，2006.

后 记

邓小平同志指出，科学是第一生产力。

目前，世界农业科学技术日新月异，农业机械化已贯穿农业生产的各个环节，农作物品种的产量潜力和品质达到前所未有的水平，病虫害防治技术、施肥灌溉技术空前普及。但我国农业科学技术与国际先进水平相比，与建设现代农业的新要求相比，差距仍然较大，突出表现在创新成果供给不足，农业科技总体水平还不高，跟踪式、模仿式，甚至低水平重复式研究还较多，类似杂交水稻等重大成果多年少见。

通过种质创新，培育产量超级、优质专用、多抗广适、资源高效利用的农作物新品种是农业科技永恒的研究课题。随着分子生物技术的发展，农作物育种正在从传统育种走向精确育种。将传统育种技术与分子育种技术结合，建立现代高效育种技术平台，挖掘各类优良基因，利用分子标记辅助选择技术、聚合育种技术、转基因技术，分子设计技术，实现各类优良基因的聚合，培育“理想品种”，将是未来农作物育种的发展方向。

随着农业科学的发展，农作物“丰收的密码”将逐步破解。那时，人类或许可以自由驾驭农作物的生产，满足人类自身需要。

本书由河南农业大学和河南省农业厅的多位资深教授和研究员合作编写而成，其中由崔党群教授担任主编，周琳、王志强、马国岭担任副主编，余永昌、孙化田、陈军营、刘亚平参编。